ネットワーク科学

つながりが解き明かす世界のかたち

Guido Caldarelli, Michele Catanzaro 著

高口 太朗 訳, 増田 直紀 監訳

SCIENCE PALETTE

丸善出版

Networks
A Very Short Introduction

by

Guido Caldarelli and Michele Catanzaro

Printed in Japan

訳者まえがき

インターネット、社会ネットワーク、航空網、電力網、神経ネットワーク、遺伝子制御ネットワーク。世の中には数多くのネットワークが存在している。それらの異なるネットワークには、つながり方に隠された共通の特徴があるのではないか？　そのような特徴を生み出す仕組みとは何か？　また、それらの普遍的な特徴が、ネットワーク上でのダイナミクス（たとえば情報の広まり方）を決める重要な要因なのではないか？　これらの疑問を出発点として、ネットワークのつながり方について研究するのが、この本のタイトルである「ネットワーク科学」である。

本書は、１９９８年ごろから発展してきたネットワーク科学の基本的な研究成果について、豊富な具体例をもとに簡潔に紹介することを目的としている。関連する内容について、優れた入門書が和訳本も含めてすでに多数出版されているが、それらと比べた本書の特徴として以下の２点が挙げられる。

まず、「ネットワークの普遍性」を全面に押し出していることである。文中で新たな概念を紹介するたび、「これはインターネットで言えば○○であり、社会ネットワークで言えば△△で…」というように、異なる例での解釈が並列に論じられる。このことから「異なる現象をつらぬく、ネットワークとしての普遍性こそが最も重要である」という著者の強いメッセージが感じられる。

もう一つは、「ネットワークの多重性」について重点的に記述していることである。初期のネットワーク科学が対象としたのは単一のネットワークだったが、一般には一つの現象に複数のネットワークが介在し、それらの間の関係性が重要である。第3章においてさまざまなネットワークの例を紹介する際に、その多重性を軸に詳しく述べている。特に経済的ネットワークについて多様な階層に注目して研究を行ってきた、著者のカルダレリならではの構成であると思われる。ネットワークの多重性は近年最も盛んな研究テーマの一つであり、たとえば階層間の依存関係がネットワーク全体の頑健性に与える影響について、ここ数年で急速に理解が進んでいる。

入門書ということとページ数が限られていることから、ここ数年以内の最新の研究トピックについてはあまり触れられていない。前述の多重ネットワーク以外では、たとえば時間的に変化するネットワークと地理的空間に埋め込まれたネットワークが、ネットワーク科学における最新の重要テーマとみなされている。この2つのテーマについての総説論文の情報を巻末の読書案内に載せたので、より進んだ内容に関心があればぜひ参照して欲しい。

ネットワーク科学を専門とする研究者は日本国内では多数派ではなく、ネットワーク科学の国際会議に参加すると、日本人研究者の存在感は他国に比べて小さい。本書を読んだことをきっかけに学習を深め、ネットワーク科学の研究に参加する人が現れれば、訳者としてこれ以上の喜びはない。

東京大学の江崎貴裕氏、九州工業大学の竹本和広氏、東京大学の田村光平氏、国立情報学研究所の吉田悠一氏には、原稿全体に渡ってコメントをいただいた。特に竹本氏には、生物学的ネットワークについて専門的な見地からアドバイスをいただいた。龍谷大学の近藤倫生氏には、食物網の邦訳について貴重なコメントをいただいた。関西大学の安田雪氏には、社会ネットワーク分析の用語についてご教示いただいた。これらの諸氏に御礼申し上げる。無論、訳出や原文解釈の誤りがあれば、ひとえに訳者の責任である。

平成26年3月

高口太朗・増田直紀

目次

第1章

世界をネットワークという視点でとらえる

人々の日々の暮らしには、さまざまなネットワークが存在している。1日の中で、私たちは電子メールをチェックし、ソーシャル・ネットワーキング・サービス（SNS）上のプロフィールを更新し、携帯で電話をかけ、公共交通機関を利用し、飛行機に乗り、お金や物をやりとりし、私生活や仕事で出会った人々と関係を築く。これらのすべての場面において、意識的にしろそうでないにしろ、私たちはネットワークとその性質を利用している。

ネットワークは、個人の暮らしに関わるのと同時に、重要な世界規模の事象にも現れる。金融危機は、銀行と企業とを結ぶネットワークにドミノ効果を引き起こす。パンデミック（感染症の世界的流行）、たとえば鳥インフルエンザ、SARS、新型インフルエンザは、航空網（空港がなすネットワーク）を介して広がる。気候変動は、生態系における生物種どうしの関係性のなすネットワークを変化させることがある。テロリズムと戦争は、国家のインフラ網を標的とする。大規模停電は、電力網において起こる。コンピュータウイルスは、インターネットを通じて拡散する。政府や企業は、ＳＮＳやその他のデジタル交流ツールにおける情報を通じて、人々の個人情報を追跡するかもしれない。また、遺伝学の多くの応用例は、細胞内で働く遺伝子制御ネットワークについての知見に基づいている。

これらのすべての局面で、私たちが扱うのは、多数の異なる要素（個人、企業、空港、生物種、発電所、コンピュータ、遺伝子など）の集団である。それらの要素は、多様な相互作用のなす無秩序なパターンを介してつながっている。すなわち、これらすべての現象の背後にはネットワーク構造があるのだ。多くの場合に、この隠されたネットワークこそが現象を理解するための鍵である。

ネットワークの重要性を表す一つのよい例は、１９８０年代の大西洋の北西海域におけるタラの個体数の激減だ。当時、タラの漁獲量の減少は、カナダの水産業に大規模な経済的危機を引き起こしていた。カナダの漁業関係者は、タラを食べる動物を管理すればタラの減少を食い止められると主張し、アザラシ猟の部隊をもっと多く派遣するように政府に求めた。それを受けて、１９９０年代を通じて大量のアザラシが殺されたが、タラの個体数は回復しなかった。

同じ頃、生態学者たちはタラとアザラシとをつなぐさまざまな食物連鎖について研究していた。1990年代の終わりまでには、彼らは食物連鎖の完全な見取り図を得た（図1）。この図によって、タラとアザラシとの間には、多くの異なる食物連鎖の経路が存在することが明らかになった。この複雑な食物連鎖ネットワークを考慮すると、タラの捕食動物を減らすことが、必ずしもタラの生存を助けるわけではないとわかる。たとえば、アザラシは約150種の生物を食べるが、そのうちのいくつかの種はタラを食べる動物である。したがって、アザラシを減少させても、結局は他の動物によるタラへの影響が増大するだけかもしれないのだ。

生態系は、生物種のなす複雑なネットワークである。生態系を理解し管理するためには、その背後にひそむネットワーク構造を考慮することがとても重要なのだ。ネットワークをなす他の対象を扱う際にも、同じように注意しなければならない。たとえば、エイズなどの感染症の拡大は、感染予防手段を用いない性的関係のネットワークに強く影響を受ける。また、金融市場の資金流動性ショック(1)は、銀行間の資金のやりとりが織りなすネットワーク構造によって決まる。

これまでに見てきた事例はすべて、いわゆる**創発現象**の具体例である。創発現象とは、一つひとつの要素に注目しても予測できない、要素全体の集団的な振る舞いのことをいう。創発現象を示すシステムは、一般的に**複雑系**ともよばれる。その一例として、アリは1匹ではどちらかと言えば不器用な動物だが、たくさんのアリが集まると、大きなアリ塚を築いたり大量の食

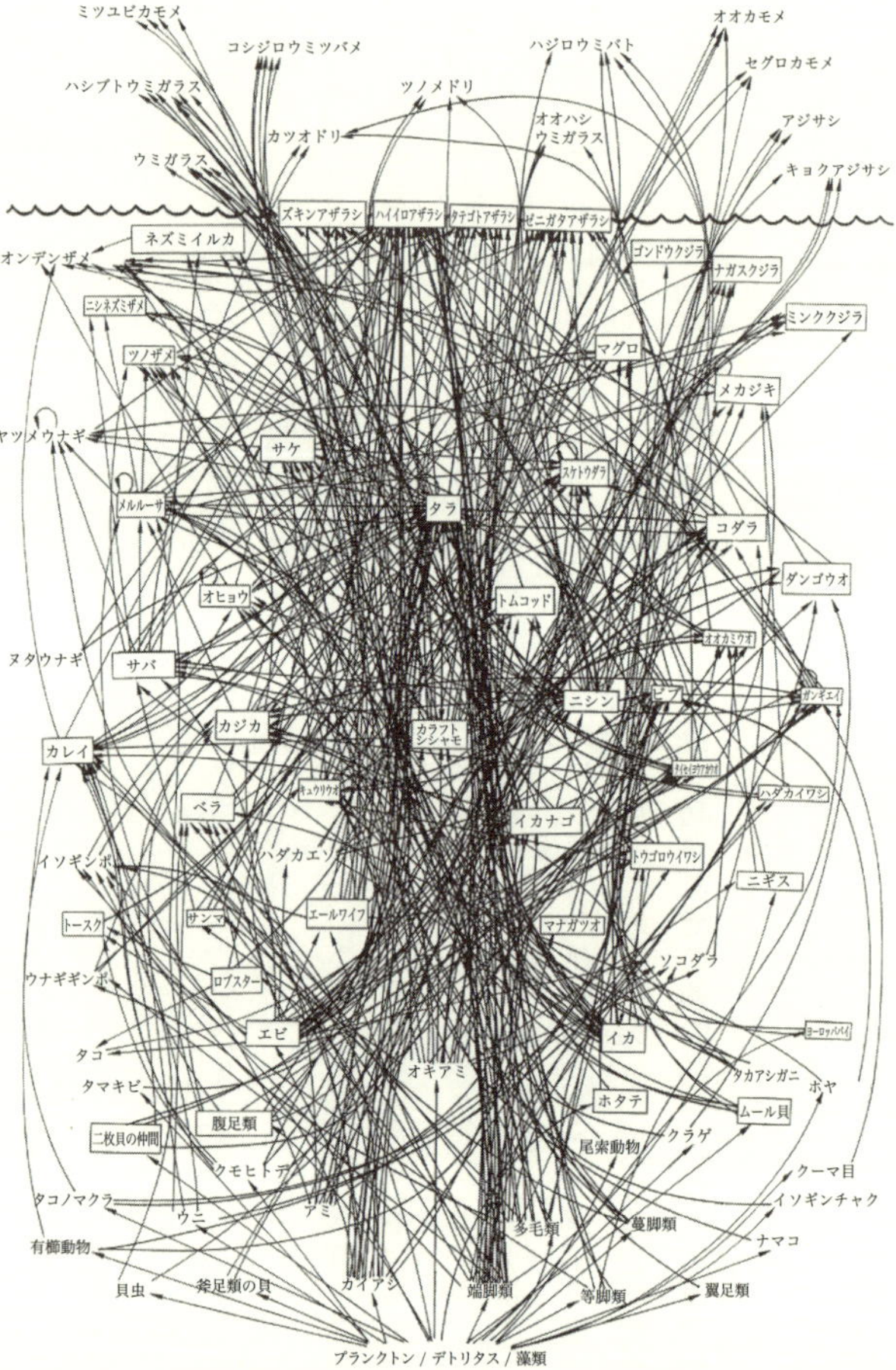

図1　カナダ東岸、大西洋北西海域のスコティアン大陸棚における食物連鎖ネットワークの一部。矢印は被食動物（食べられる動物）から捕食動物（食べる動物）へ向けて描かれている。

糧を蓄えたりといった複雑な活動を行うことができる。人間社会においては、個々の人は自律的に行動し、しばしば相反する利害を抱えている。そのような個人が集まることによって社会秩序が生まれ、1人だけでは誰もなしえないような課題を集団としてやりとげることもある。同様に、生物はその構成要素どうしの相互作用によって成り立っている。また、人為的な誤り、サイバー攻撃、通信量の急激な増大に対してインターネットが見せる並外れた頑健性は、個々のコンピュータの働きによる結果というよりは、ネットワーク全体としての能力である。

要素間のつながりに重きを置くネットワークという見方は、これらの現象を理解するための鍵である。次のような2つのサッカーチームを想像してみよう。両チームでは選手の能力はとても似通っているのに、試合での成績はまったく異なる。おそらくこの違いは、試合中の選手間の相互作用が良いか悪いかによって決まっている。同様に、ある選手はリーグの所属チームではよいプレーをするが、国の代表チームではプレーがよくないということもありうるだろう。これはその選手が、2つのチームでは他の選手との関係の中で異なる立場にあるからだ。スポーツチームの振る舞いは一種の創発現象であり、その良し悪しは個々の選手の能力や全員の能力の総和だけでなく、選手間の相互作用ネットワークにもかかっている。このように、多くの創発現象は、その背後にひそむネットワーク構造によって大きく左右される。

ネットワークという見方をするときは、要素間の相互作用がなす全体的な構造が、すべての興味の対象である。よって、一つひとつの構成要素がもつ性質の詳細は単に無視される。その結果として、コンピュータネットワークや生態系や社会グループといった異なる対象が、同一の数学的手段によって記述できる。それはグラフ[2]とよばれ、頂点間のつながりによって構成される構造を表す。このグラフという数学的手段は、数学者のレオンハルト・オイラーによって提唱され、のちに幅広い学問分野に広まった。社会学では古くから多くの問題に応用され、より最近では物理学、工学、コンピュータ科学、生物学、そしてその他の多くの分野にも広がっている。

さまざまな異なる対象を同一の手法を用いて表すことは、対象を高度に抽象化して考えることで初めて可能となる。この抽象化によって、個別の対象を細かく記述することではわからないものが、**普遍性**として浮かび上がる。普遍性を見出すということは、異なる対象を同じ理論的な仕組みから生じる別々の具体例だと考えることである。この意味で、コンピュータウイルスの拡散をインフルエンザの流行と似ているとみなせる。インターネットのルーターに対する攻撃は、生態系における種の絶滅と同様の効果をネットワークにもたらす。そして、ワールド・ワイド・ウェブ（WWW）の成長を、科学文献の増加と同じように考えることができるのだ[3]。

ネットワークという見方をすると、多くの洞察が得られる。たとえば、対象をネットワークとして表すことによって、一見関係のなさそうな要素どうしを結び付ける全体的な構造を見抜くことができる。２００３年、スイスの電力網で起こった取るに足らない事故が大規模な停電を引き起こし、その影響は１０００キロメートルも離れたシチリア島にまで及んだ。ネットワークに注目することで、地理的には遠く離れた要素どうしが実際には強く結びついていて、驚くほど少ない要素を経由するだけで到達できてしまうという事実を理解することができるのだ。あるいは、地理的にも社会的にも離れている２人、たとえば熱帯雨林に住む人とロンドンのシティ地区で働く経営者が、わずか「６次の隔たり」でつながっているという観察結果は今日ではよく知られている。この事実はそう起こりそうもないことではなく、社会的なつながりのネットワークを考えることで説明できるのだ。

ネットワークという見方は、私たちの世界がもつもう一つの重要な特性をも明らかにする。それは、外部からの制御なしに成長するシステムが、自発的にその内部に秩序的な構造をつくり出すことができるという事実である。たとえば、細胞や生態系はあらかじめ設計されたものではないが、安定的に機能する。同じように、社会のグループや流行は、一人ひとりのもつはかり知れないほど多様な要求や動機付けの中から生じる。それにも関わらず、グループや流行は他からはっきりと区別できる形で社会に現れる。あるいは、インターネットやＷＷＷは、全体を統制する管理者などなしに急速に成長し、互いに関係のない数多くの人々によって支えられている。それなのに、インターネットやＷＷＷは、たいてい統率がとれていて効率的に機能している。

これらの例は、いずれも**自己組織化過程**である。すなわち、これらの例に見られる秩序や組織化は、外部からの介入や全体の設計図に基づく結果ではない。むしろ、要素どうしが相互作用する中で繰り返し現れる局所的な仕組みや特質がもたらすものである。多くの例で自己組織化が生じる過程は、ネットワークの数学的モデルを用いると明快かつ自然なやり方で記述することができる。同じように、ネットワークのモデルによって、現実に見られるダイナミクスもよりよく理解できる。ダイナミクスとは、たとえばコンピュータウイルスの急速な拡散、大規模なパンデミック、インフラ網の突然の機能喪失、特定の人々を排除しようとする社会運動や音楽の流行の突発である。

複雑で、創発的で、自己組織的なシステムの研究（近代的な意味での複雑性の科学とよばれる）において、ネットワークは統一的な数学的枠組みとしてますます重要になっている。この傾向は、とくに大量の観測データが関わる分野において際立っている。サーチエンジンの検索語、ＳＮＳへの投稿、オンライン決済、クレジットカードの利用、商取引、携帯電話のＧＰＳによる位置情報など、一般的に個人が生み出すデータを用いた研究がこれにあたる。これらのすべての場合において、データを整理して体系づけ、個人・もの・ニュースなどを互いに結びつけて考えるために、ネットワークは必要不可欠な手段である。同様に、分子生物学では大量の観測データの中に法則性を見出すために、コンピュータを利用した手法にますます頼るようになっている。この傾向は、サイエンスの他の分野のみならず、工学、健康科学、環境学、社会科学においても同様である。これらのすべての学問分野で、ネットワークは複雑性の中にひそむ構造を明らかにするためのパラダイムとなりつつある。

（訳注1）銀行が他行からの資金需要に対応する資金を準備できず、銀行間の資金の流れが低下して経済活動に支障をきたすことを指す。詳しくは第3章（53ページ）を参照のこと。

（訳注2）ここでいうグラフとは、ネットワークと同じ意味である。数学には、グラフの構造を研究するグラフ理論という分野がある。グラフとネットワークという2つのよび方をどう使い分けるかについては、はっきりとした決まりはない。本書では、混乱を避けるため、これ以降「ネットワーク」に表記を統一する。

（訳注3）ワールド・ワイド・ウェブ（WWW）は、ウェブページ間のハイパーリンクによって構成される。一方で、科学論文は、新しい論文が既存の論文を引用することによりネットワークをなす。この意味で、WWWに新たなウェブページが加わることと、科学研究に新たな論文が加わることとを同一視できる、と著者は述べている。

第2章
ネットワークは有益な分析方法である

オイラーの橋を渡る

ロシアの都市カリーニングラードには、町を流れるプレゴリャ川に浮かぶクナイプホーフ島という中州がある。今から300年ほど前には、カリーニングラードはプロイセン王国の領地であり、ケーニヒスベルクとよばれていた。当時は、クナイプホーフ島と町のそれ以外の場所との間に7つの橋が架かっていた（図2の上図）。町の人々の間では次のような難題が知られていた。どの橋も2回以上通ることなしに、7つの橋すべてを渡ることができるだろうか？当時、この難題をやり遂げた人は誰もいなかった。また、そのような渡り方が実際にできる可能性について、誰も理論的な証明を持ち合わせていなかった。そんな中、この問題の解答は、史上最も有名な数学者の一人によってもたらされた。1736年に、レオンハルト・オイラーは、独特な方法でケーニヒスベルクの地図を描いた。彼はクナイプホーフ島と町のその他の場所を4つの点で表し、それらの点の間を橋を表す線で結んだのだ（図2の下図）。

問題をこの形に置き換えると、考えるのは簡単になる。町の地形からそのネットワークを取り出してみせることで、問題の条件を満たす渡り方が不可能だということをオイラーは証明した。彼の説明は、次のような観察に基づく。条件を満たす渡り方が実現可能であるためには、ネットワークの中ですべての点につながる線の本数は偶数でなければならない。なぜなら、ある橋を渡って町のある地点に来たら、別の橋を渡って次の地点へ移動しなければならないからだ。一般的に、点で表された町のそれぞれ地域に架かる橋の数は、2、4、6のように偶数でなければならない。出発地点と終了地点だけは、橋の数が奇数でもよい。出発地点では、橋の数が最初に通る1つだけでもよいし、それは終了地点についても同じだからだ。残念ながら、ケーニヒスベルクを表したネットワークでは、すべての点が奇数本の線をもつ。したがって、この町ではすべての橋をちょうど1回ずつだけ渡ることは不可能なのだ。

このように数学を用いて単純化されたケーニヒスベルクの地図は、歴史上最初に示されたネットワークの実例だ。数学者は、ネットワークを構成する点と線のことを、それぞれ**頂点**と**枝**とよぶ。今日では、オイラーはネットワーク分析に基づく数学の一大分野を創始した人物として高く評価されている。彼の考察は、ネットワーク科学にとって最初の重要な節目であったと

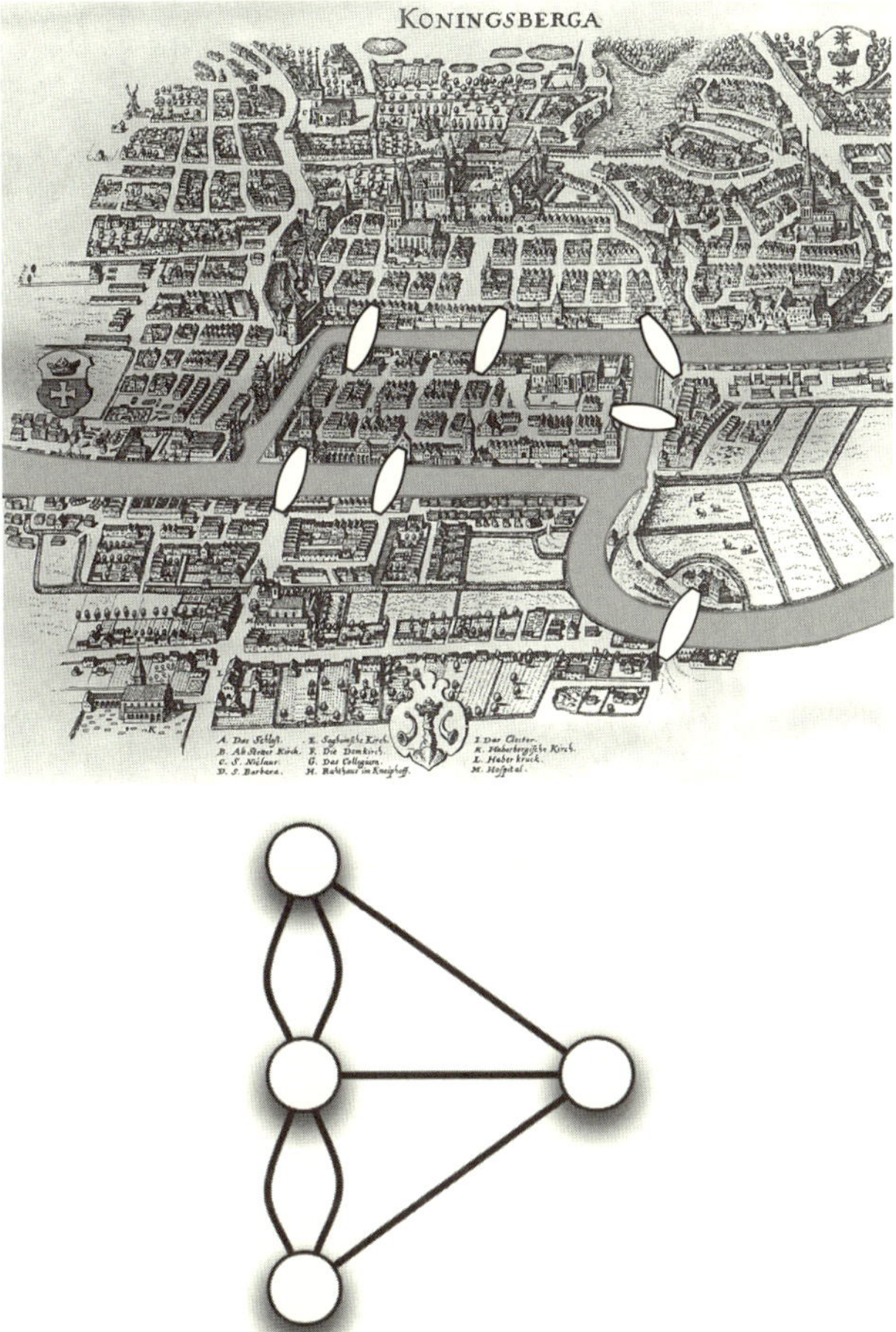

図2　(上図) ケーニヒスベルク (現在のカリーニングラード) の町を描いた版画とその上に描かれたケーニヒスベルクの橋の問題。
(下図) レオンハルト・オイラーはこの橋の問題をネットワークを用いて表現した。

いえる。オイラーに続いて、多くの数学者たちがネットワークの理論的な性質を研究し、その一方で科学者たちはネットワークの理論を幅広い分野の問題に応用した。その例として、1845年のキルヒホフによる電気回路の研究、1857年のケイリーによる有機物の構造異性体の研究、1858年のハミルトンによる「ハミルトン閉路」とよばれる数学的概念の研究がある。

別の有名な応用例の一つは、19世紀の中頃に提案された「地図の彩色問題」だ。当時の地理学者たちは、国境を接する国どうしは別の色で塗るという条件のもとで、地図を塗り分けるのに必要な最小の色数を明らかにしようとしていた。この問題は、単なる理論的な問題以上の意味があった。地図上に数多くの国々があることと、印刷産業で利用できる色の違うインクの量が限られていることとを考えると、必要最小限の色数を知ることが必要不可欠だったのだ。経験的には、塗り分けには3色では足りないが4色だとうまくいきそうだと考えられていた。必要最小限の色数が確かに4色であるという最初の数学的証明は、1976年になってようやく得られた。この証明は、それぞれの国を頂点とし、国境を接する2国間を枝でつないだネットワークとして地図を表現するという手法に基づいている。

学校を抜け出す少女たち、オーストラリアの人々、シカゴの労働者たち

1932年の秋、ニューヨーク州のハドソン女子校から、ほんの2週間のうちに14人の生徒が抜け出した。この人数は、普段生徒が抜け出す頻度よりもずっと多かった。この事件を理解するために、学校の運営者は抜け出した生徒たちの性格を調べることにした。しかし、この生徒たちの性格に、その他の生徒たちとの特別な違いを示すはっきりとした証拠は何も見つからなかった。

そこで、調査を担当した精神医学者のヤコブ・モレノはまったく別の説明を考え出した。彼は、生徒間の社会ネットワークにおける抜け出した生徒たちの占める位置が、多くの生徒が抜け出す引き金になったのだと提言した。モレノは、共同研究者のヘレン・ジェニングスとともに、個人の間の関係性を特定する**ソシオメトリー**という手法を用いて、生徒たちの間の社会的なつながりを図に描いた。彼らは、学校を抜け出すという考えが少女たちの間に広まるうえで、これらの社会的なつながりが主な伝達経路であることを発見した。先に学校を抜け出した少女たちの行動をまねることに、友人関係のネットワークにおける一人ひとりの位置が重要な影響を与えていたのだ。

モレノは、ネットワークの考え方を人間社会に応用した最初の研究者の一人である。モレノの研究は、ネットワーク科学における重要な研究テーマの先駆けとなった。それは社会ネット

ワークの分析である。この意味で、彼の研究は、ネットワーク科学の基礎付けにおいて、オイラーの考察に続く第二の重要な一歩だった。

モレノの研究から30年後、人類学者たちは、モレノらと同様の手法をオーストラリアのアランダ族のような部族社会における近親関係の分析に応用した。この場合には、ネットワークの枝は血縁関係にある個人の間に結ばれた。研究者たちは、結果として得られたネットワークが、美しい数学的構造と対応していることを見出した。これらの研究成果やその他の結果から示唆されたのは、無秩序に見える人間社会の裏側に、整った社会的構造や、ときには普遍的法則さえも見出しうるということだ。

それ以降、社会科学は、社会的構造を表現するためにネットワークの考え方を幅広く利用してきた。いくつかの先駆的な研究の後に、多くの他の研究が続いた。それらの先駆的な研究が対象としたものには、アメリカ南部の女性団体（A・デイビス、B・B・ガードナー、M・R・ガードナーによる1941年の研究）、シカゴの工場労働者のグループ（E・メイヨーによる1939年の研究）、学童の友人関係（A・ラパポートによる1961年の研究）、そしてコロラドスプリングス市における薬物依存者の間の関係（リーチャード・B・ローゼンバーグらによる1995年の研究）などがある。

ランダムなつながり

ネットワーク科学の基礎付けに関する第三の重要な節目は、数学者のポール・エルデシュとアルフレッド・レニイが１９５９年から１９６１年にかけて発表した一連の論文によって訪れた。20世紀の最も重要な数学者のひとりであるエルデシュは「数のみを愛した男」と評されたが、この表現はある面では間違いである。彼はネットワークも愛したからだ。この２人の理論家は、頂点どうしが完全にランダムに結ばれたネットワークを表す数学的モデルについて研究した。後にランダム・グラフとよばれるこの数学的モデルは、１９５１年に数学者レイ・ソロモノフとアナトール・ラパポートによる論文の中で最初に提案された。

ランダム・グラフはとても単純化されたモデルで、その性質は現実のネットワークとはまったく異なる。確かに偶然や幸運は新たな友人と出会うことに重要な役割を果たすだろう。しかし、友人関係ネットワークの形成には、ランダム性以外にも多くの要素が関係していることも確かである。たとえば、社会階級、共通の言語、類似性がそうだ。それらの要素を無視している点で現実のネットワークとは異なるけれども、完全にランダムなネットワークの性質を定量化することができるので(1)、ランダム・グラフはとても重要である。ランダム・グラフは、どんな現実のネットワークに対しても比較の基準または**帰無仮説**として用いることができる。つまり、現実のネットワークの構造を偶然性が決める度合いとそれ以外の要因が決める度合いとを理解するために、ランダム・グラフを比較対象として利用できるのだ。

ランダム・グラフをつくる最も単純なやり方は、次の通りである。枝を結びうるすべての頂点のペアを考える。それぞれのペアに対して、1回ずつコイン投げをする。コインの表が出たら、この頂点のペアを枝で結ぶ。裏が出たら枝は結ばずに別の頂点のペアに移る。これを、すべてのペアについてコインを投げ終わるまで繰り返す（この説明では確率$p=1/2$で枝を結ぶことを意味するが、pは別の値でもよい）。

一般的に、ランダム・グラフの生成とその構造の研究は手作業では行われない。科学者たちは、この作業にコンピュータプログラムを利用し、得られたネットワークを紙面やコンピュータの画面に描く。しかし、ネットワークの頂点数が大きいと、ネットワークを描くことはだんだん難しくなる。さらには、絡まりあったネットワークの構造を目で見て調べるだけで研究することは難しい。数学的手法を用いてネットワークを抽象的な対象として研究することで、よりよい定量的な理解が得られる。あるいは、コンピュータの助けを借りることもできる。コンピュータシミュレーションを用いることで、コンピュータの「心」の中にランダム・グラフの具体例を正確につくり、それが現実の物体であるかのように計測することができる。もし抽象的なランダム・グラフと現実のネットワークとを比較したければ、2つのネットワークについての計測結果を比較すればよい。

1960年代に導入されて以降、ランダム・グラフは、緩い意味でしか現実らしくないにもかかわらず、最も成功を収めた数学モデルの一つとなってきた。現在では、ランダム・グラフはすべてのネットワークに対する比較の基準である。それは、ランダム・グラフからのずれが、多くの現実のネットワークに見られる構造、秩序、規則性、非ランダム性の存在を示唆するからだ。

情報を獲得するためのネットワーク

2001年のニューヨーク、2004年のマドリード、そして2005年のロンドンでのテロリストによる攻撃をきっかけとして、いくつかの国の政府は、テロリスト対策の一つとして電子的な通信データの記録を提案してきた。この提案によれば、市民の間で交わされた数年分の電話の発信と電子メールが、治安上の目的で記録される。やりとりの内容は記録されない。発信者と受信者（場合によってはやりとりの時刻と場所）さえ記録すれば十分なのだ。警察がよく知るように、このような誰と誰とがつながっているという関係だけの単純なネットワークの見取り図でさえも、人々の行動を追跡するための強力な道具である。実際に、電話の通話相手のネットワークから、ある個人に関する習慣、友人関係、そして他の多くの情報を推測することができる。

これは、ネットワーク科学の基本的な考え方のとても現実的な、そして活発に議論されている実例の一つである。すなわち、複雑な対象がネットワークという均質な枝でつながった均質な頂点の集合として表され、個々の要素の細かな特徴と要素どうしの関係性は無視される。このやり方はあまりに極端だと思われるかもしれないが、予想以上に多くの情報をとらえることができる。

このやり方が有効であることの一つの証明は、フェイスブック（Facebook）やリンクトイン（LinkedIn）といった多くのＳＮＳに組み込まれている、友人推薦システムだ。このシステムの元となるアイデアは簡単だ。つまり、人は自分の友人の友人を知っている可能性が高い。このアイデアは単純だけれども、ほとんどの場合にうまく機能する。この**経験的推測**とよばれる手法は、オンラインショップで本や他の商品を推薦するシステムの背後でも利用されている。これらの企業の用いるソフトウェアは、消費者一人ひとりに関連する商品間のネットワークを活用する。このことが、営利企業が電子メールやＳＮＳのデータを含む大量の電子的記録を蓄積する理由だ。彼らは、そのような情報がとても有益であると知っているのである。

個々の要素の詳細を無視してつながりの構造に注目するというネットワーク科学の基本的手法は、さまざまな対象に応用できる。たとえば、生態系は数百の生物種からなり、１つの種は、さまざまな捕食戦略を用いて別の種からエネルギーを摂取する。しかし、ネットワークの手法では、生態系は均質な枝でつながった均質な頂点の集合として表される。同じ手法は、インターネットから人間集団までさまざまな対象に応用される。インターネットは、現実には数十万台のコンピュータ、ルーター、相互接続点などの異なる要素からなる。そして、これらの要素は、電話網、光ケーブル、衛星通信などの異なる種類の通信方法でつながっている。また、人間集団は多様な関係性でつながった、異なる目的と役割をもつ多数の主体の集まりである。

ネットワークの方法は、考察する現象のもつ多くの特徴を消し去るが、固有の特徴のいくつかは保持する。すなわち、対象の規模（ネットワークの構成要素の数）や、つながりのパターン（要素間のつながりの集合そのもの）は変えない。このようにして単純化されたネットワークという数学的モデルは、それでもなお対象の特徴をとらえるのには十分役に立つ。

個人から集団へ

多くの異なる要素がさまざまな形で相互作用する現象を取り扱う方法として、ネットワークによる方法以外にも次の2通りがあるだろう。一つは、基本となる構成要素とそれらの間の相互作用を特定する方法である。個々の構成要素をそのままに調べることで、各要素の振る舞いの合計として対象の全体的な振る舞いを推測できる。たとえば、生態学者はすべての生物種についてそれぞれの種の捕食者と被食者を列挙することにより、生態系の特徴を記述することがある。コンピュータ科学者は、異なるコンピュータそれぞれの特性と通信方式に注目することにより、コンピュータのネットワークを記述する。心理学者は、社会的主体である各個人の知人関係における振る舞いを記述することにより、社会的関係性を研究する。

もう一つは一つ目の方法とは異なり、たくさんある構成要素を、性質が同じものどうしで少数のグループにまとめる方法である。たとえば、社会学者と政治学者はたいてい、社会階級、性別、教育水準、民族、国といったグループに社会を分けて考える。同様に、疫学者は、しばしば人々を限られた個数のグループに分ける。この場合のグループとは、健康な人、感染者、免疫をもつ人などを表す。生態学者も、食物網で似た役割を果たすすべての生物種をグループ（**栄養種**という）に集約することにより、この方法を利用する。

ネットワークを用いる方法は、これら2つの方法に足りない点を補おうとするものだ。一つ目の方法では、個々の構成要素の振る舞いに注目するだけでは説明不可能な現象が数多くある。たとえば、生態系において、生物種の個体数は、その種自身の特徴だけでは決まらない。捕食-被食関係の全体的なネットワークも考慮しなければならない。一方で、構成要素の大まかな分類に注目するもう一つの方法も、場合によっては有用でないかもしれない。たとえば、ある国で起きる政治的な出来事は、もともとの国民性の結果だとは考えにくい。むしろ、国内における社会的関係の特定のパターンがもたらす結果だろう。

ネットワークを用いる方法は、個々の要素に注目する方法と大きな集団に注目する方法との間に位置し、両者をつなぐものである。ある意味で、ネットワークを用いる方法が説明しようとするのは、孤立した要素の集合がいかにして相互作用のパターンを通じて集団やコミュニティに変わるかということだ。相互作用のパターンが関係するすべての場合に、ネットワークという考え方は本質的な理解をもたらす。

空間的な地形と「ネットワーク的な地形」

20世紀の初頭には、ロンドンの地下鉄はとても入り組んだものになっていて、利用者を案内するために、時が経つにつれてますます複雑な路線図を発行しなければならないほどだった。1931年、鉄道会社の従業員だったヘンリー・ベックは、試行錯誤の末に路線図を描く際の基準を変えた。ベックは、路線図を現実のロンドンの地図上にはめ込む代わりに、抽象的な空間に配置した（図3）。

ベックの新しい路線図では、駅は十分な間隔を開けて点として描かれた。地下鉄の路線は、45度か90度の整った角度で方向を変える折れ線になった。この路線図は実際の駅の位置や距離とはほとんど関係がないが、利用客にとってはずっとわかりやすく便利である。地下鉄のネッ

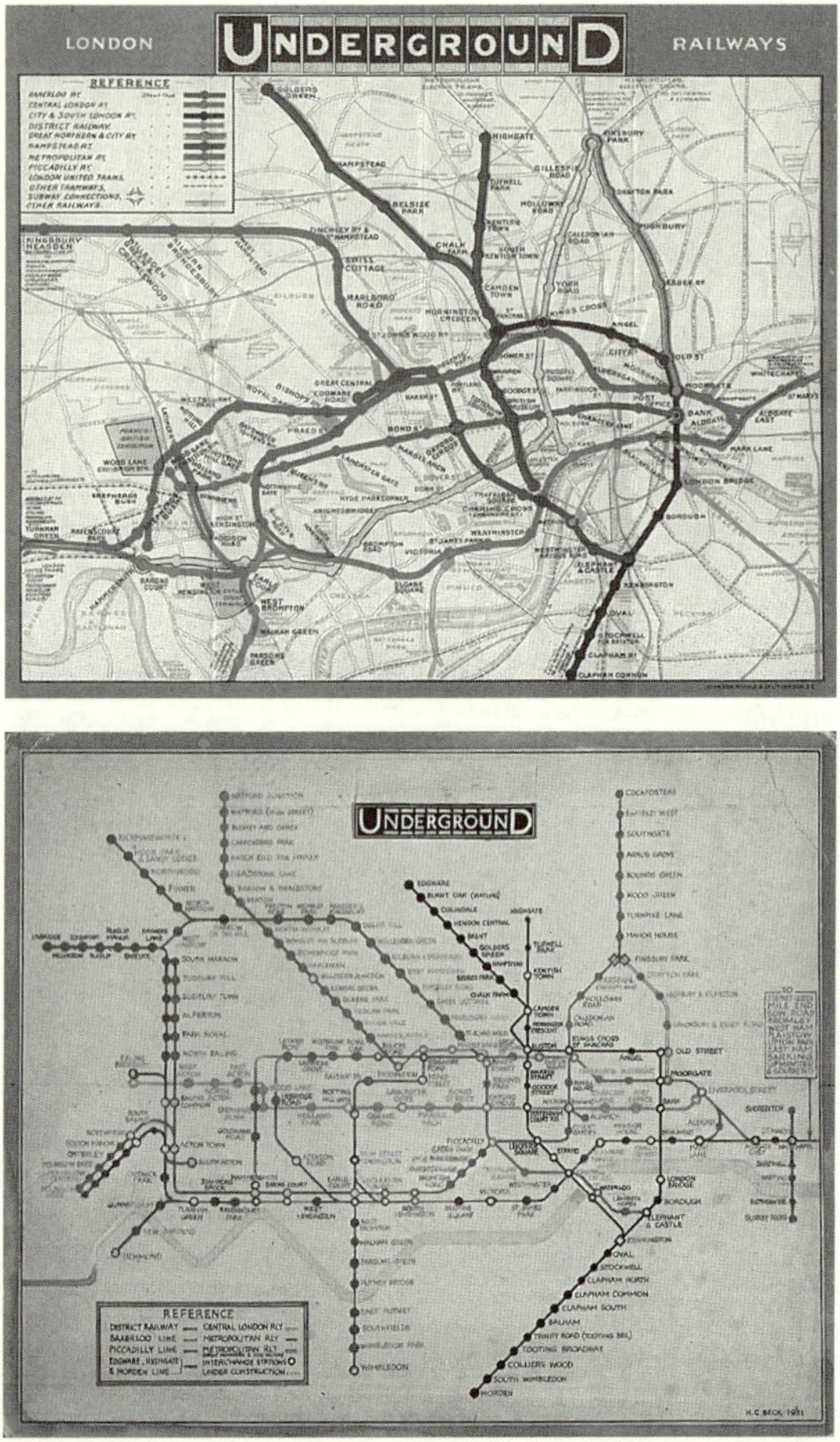

図３　ロンドン地下鉄の路線図の地理的な表現（上図）とトポロジー的な表現（下図）。

　下の路線図は駅の実際の位置や駅間の相対的な距離を表していないが、地下鉄の運行を思い描くためには上の図よりも役に立つ。

トワークを使って移動する人々は、地理的な特徴には関心がない。駅の順序と乗換駅についての情報さえあれば十分なのだ。

ヘンリー・ベックが描いたロンドンの地下鉄の路線図は、要するにネットワークだ。路線図の配置問題に対する彼の解決策は、ネットワークの考え方のとある基本的な特徴を利用していた。それは、ネットワークにおいては、**距離**よりも**トポロジー**[2]が重要であるということだ。すなわち、2つのものがどれだけ離れているかということよりも、何が何とつながっているかということの方が重要だということである。言い換えれば、物理的な地形は、「ネットワーク的な地形」に比べれば重要ではない。

距離とトポロジーの考え方の違いを図4を用いて説明する。この図に示した3つのネットワークは、距離という観点では互いに異なる。つまり、頂点の配置と枝の長さはそれぞれのネットワークで異なる。しかし、トポロジーという観点では、3つのネットワークは同一だ。これらは単に同じネットワークの3通りの異なる表現である。ネットワークを表現するときには、頂点の具体的な配置や頂点間の距離よりも、頂点間のつながりの構造のほうがずっと重要だ。

トポロジーに注目することは、ネットワークを用いる方法がもつ最大の強みの一つであり、距離よりもトポロジーが効果をもつ場合にはいつも役に立つ。たとえば、ニューヨークから送られた電子メールがロンドンのとあるオフィスに届くまでの時間は、その隣のオフィスから送

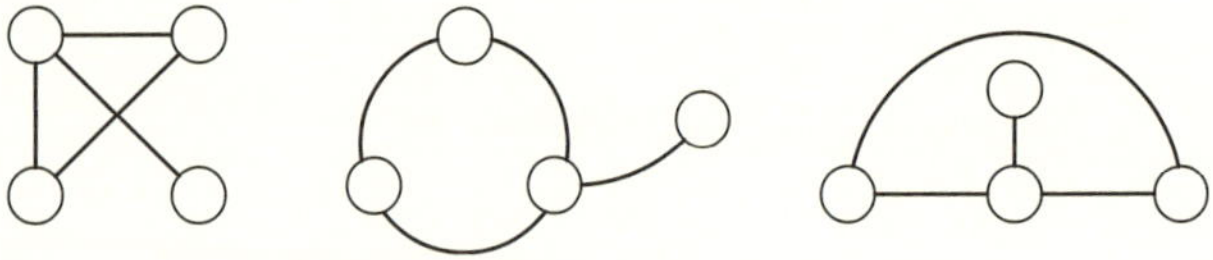

図4　同一のネットワークの3通りの表現。

られたメールが届くまでの時間と同じである。インターネットという、地理的空間に埋め込まれた実体のあるインフラ網であっても、つながりのパターンのほうが物理的な距離よりも重要なのだ。

社会ネットワークにおいては、トポロジーが関係するということは**社会構造**が重要であるということを意味する。リオネル・メッシは、現代における世界最高のサッカー選手の一人だ。しかし、彼のプレーぶりはどのチームの中でプレーするか（アルゼンチン代表かFCバルセロナのどちらか）によって変わる。ある社会科学者たちは、アルゼンチン代表におけるメッシと他選手との関係のネットワークは、FCバルセロナにおけるネットワークとは異なると論じた。彼らの研究によると、この違いにより、メッシは代表チームにおいてより重い「負荷」を背負っている。このことが、2つのチームにおける彼のプレーぶりの違いを、少なくとも部分的には説明するかもしれない。同様の現象はより複雑な社会的「ゲーム」にも現れ、そこでは個人の成果がその人の人間関係ネットワークにおける位置に強く影響される場合がある。

鎖、格子、ネットワーク

ネットワークの考え方は、複雑な対象を頂点と枝による骨組み構造に単純化する。これはかなりの単純化だが、それでも結果として得られるネットワークを簡単に解釈できるとは限らない。図4に示したネットワークのトリッキーな描き方にも、ネットワークの解釈の難しさが現れている。素朴な鎖[3]のように単純なネットワークでさえも、取り扱うには想像以上に複雑な対象でありうる。

鎖は、次のような対象を表す。たとえば、水の入ったバケツを手渡しで運ぶ消防団だ。または、1番目の生物種が2番目の種を食べ、2番目の種が3番目の種を食べ、と続く食物連鎖だ。あるいは、企業間の供給構造で、それぞれの企業が隣の企業に製品を供給するという関係でつながる企業の集合だ。

5つの企業からなる、製品生産の鎖を想像してみよう（それらの企業を鎖に沿って頂点1、2、3、4、5とする）。この鎖に沿って、どの頂点も両隣の2頂点と取引ができる。[4] ここで、それぞれの企業はただ1つの相手とだけ取引を成立させることができるという規則を考えよう。たとえば、頂点3は頂点2と取引を結んだら、頂点4とは取引することができない。この単純なネットワーク構造と取引規則のもとでは、頂点1と5は取引先の選択肢が少ないので、交渉力が低いということがわかる。弱い頂点が隣にいるので頂点2と4は交渉においてより強く、(予想に反して) そのことが頂点3を弱くする。実際に、頂点3は取引相手に強い頂点しかいないので、結局あまり都合のよくない取引を結ぶことになる。頂点の直線状の連なりででき た単純なネットワークが、実際には予想以上に複雑な状況を生み出す。

この例は、社会学者が**排除機構**とよぶ事象を表す。理論的な説明のために仮定されたこのようなネットワークの例以外でも、一般的に経済学において、2頂点の商取引関係が成立すると第3の頂点が排除される場合に排除機構は現れる。

さらに複雑なことに、現実の対象は鎖のように単純なことはめったにないということを考慮しなければならない。かつて、科学者たちは、複雑な対象を複雑なネットワークではなく規則的な**格子**を用いて表現した。これらの対象は、多くの構成要素(人、動物、コンピュータなどを表す) からなり、隣り合う4つのマスとだけつながるチェス盤上の駒のように、規則的なつながりのパターンに沿って配置される。規則的な構造のおかげで、数学的な計算やコンピュータシミュレーションを用いて分析することが、複雑なネットワークを考える場合よりもずっと簡単である。

格子で考えることは、ネットワークという意味ではより単純だが、それでもなお強い制限がある。実際のところ、格子は、入念に設計された対象か強い制約条件を課された対象を表現する場合にのみ適切だ。この基準に当てはまる対象は、たとえば、コンピュータクラスターにおける演算処理装置の配列や、騒がしい仕事場において流れ作業に従事する労働者どうしの会話でのやりとりである。[5] 格子では、すべての頂点は限られた数の最も近くにある頂点とだけ枝を結ぶが、実世界の大多数の例では、それぞれの頂点が枝を結ぶ頂点の数は異なり、枝は2つの頂点が近いか遠いかに関わらず存在する。このような不規則性をとらえられることは、格子ではなく複雑なネットワークを考えることの重要な利点である。

この不規則性の大部分は、あるとても重要な量に埋め込まれている。その量とは**次数**であり、それぞれの頂点につながる枝の本数のことを指す。頂点がウェブページだとすると、次数はそのページが別のページから受けるリンクの数を表す。頂点が生物種だとすると、次数はその生物種が食べる種の数である。頂点が個人だとすると、次数は知人の数である。この知人関係は、社会学者のピーター・マースデンが**コアディスカッションネットワーク**とよんだ構造と関係しているだろう。コアディスカッションネットワークは、ある個人が重要な悩み事を相談したり共に時を過ごしたりする相手の集合である（友人、配偶者、家族、現在と過去の学友、同僚、近隣の住人、クラブ活動のメンバー、専門のアドバイザー、コンサルタントなどが含まれる）。

関係性をネットワークに写し取る

ある2人の間の関係性には、無限の組み合わせがありうる。彼らは、考え方、発想、あるいは性別に共通点があるかもしれない。友人、親類、または同僚なのかもしれない。性的関係の相手かもしれないし、あるいは単に同じサッカーチームに所属しているだけかもしれない。さらには、2人の間に複数の関係性が同時に存在する場合もある。関係性のなかには協力的なものもあれば、あからさまに敵対的なものもあり、それらの両極端の中間の場合もありうる。そして、一方の個人にだけ認識されてもう一方には無視される関係もある（たとえば、ロックスターのファンはスターにつながっているように感じるが、スターは彼らをまったく気にかけないかもしれない）。

社会学では、個人間の多岐に渡る関係性を分類することが行われてきた（表1）。社会ネットワークにおいて複数種類の関係性が存在するという傾向は、**多重性**とよばれる。多重性は、社会ネットワーク以外の多くのネットワークでも見られる。たとえば、2つの生物種は色々な捕食戦略でつながるし、2台のコンピュータは異なる種類のケーブルや無線接続でつながっているかもしれない。

枝に関係性の種類を表す印を付けることによって、ネットワークのもつ多重性を表すことができる。たとえば、枝が正か負かのどちらの効果をもつかを考慮することが可能だ。生物種は

表1　社会ネットワークにおける関係性の分類の一例。

類似性			社会的関係				相互作用	事物の流れ
場所	所属	属性	近親関係	その他	感情	認知		
空間的、 時間的に 同じ位置	同じ クラブ 同じ イベント	同性 同じ 考え方	親 子ども	友人 上司 生徒 競争 相手	好き 嫌い	直接 知っている 間接的に 知っている 幸せそう に見える	性的 関係 会話を する 助言を する 助ける 傷つける	情報 信条 人材 資源

捕食‐被食関係でつながっているが（これは負の関係だ）、相利共生関係（たとえば、花を咲かせる植物と花粉を運ぶ動物の間に結ばれた正の関係）でつながる場合もある[6]。個人どうしは敵対関係（負の関係）の場合も、友好関係（正の関係）の場合もある。ウェブページが別のページにリンクを張るのは、その内容を批判するためかもしれないし（負の関係）、宣伝するためかもしれない（正の関係）。

枝に正か負という単純な二値的な特徴を追加すると、ものごとはずっと複雑になる。アリス、ボブ、キャロルの3人組を想像してみよう。彼らの全員が正の関係でつながっている場合は、万事良好だ。あるいは、アリスとボブは友人関係でつながっているが、2人ともキャロルとは敵対関係であるという場合も不都合はない。しかし、この状況が逆になると、事態はややこしくなる。つまり、アリスはボブとキャロルの両方と正の関係をもつが、ボブとキャロルの2人は互いに嫌い合っているという場合である。そして、3人全員が互いを嫌い合っている状況は本当に問題だ。社会学によれば、1番目と2番目の例は**構造的に安定な**状態であり、3番目と4番目の例はそうではない。

2006年に、数学者のティボー・アンタル[7]と物理学者のポウル・クラピフスキーとシドニー・レドナーが、第一次世界大戦前のヨーロッパにおける6か国間の移り変わる外交関係に対して、この構造的安定の概念を適用した。彼らが示したのは、固い同盟関係が確立されるか、明らかな共通の敵国を見出すかのいずれかが起こり、国家間の同盟関係が徐々に構造的に安定な状態に発展していったということだ。その結果、6つの国は2つのグループに分かれた（一方はイギリス、フランス、ロシアであり、もう一方はオーストリア＝ハンガリー帝国、ドイツ、イタリアだった）。それぞれの国は同じグループ内のすべての国と同盟を結び、もう一方のグループのすべての国と敵対関係にあった。この状況が生じたすぐ後に、大戦が起こった。この実例は、構造的安定が必ずしも望ましいものではないということを示している。

ネットワーク理論を用いることで、他の込み入った関係性も枝に織り込むことができる。たとえばつながりが双方向的でない場合だ。オオカミはヒツジを食べ、ブログは大手新聞社のウェブページにリンクを張り、ある人は別の人に恋をする。これらの逆の関係が実現することはめったにない。この場合には、ネットワークにおけるつながりはある種の一方通行の道であり、一方向にはたどれるが逆行はできない。枝に方向を与えると、得られる構造は**有向ネットワーク**となり、枝は矢印で表される。有向ネットワークの頂点には**入次数**（いりじすう）と**出次数**（でじすう）があり、それぞれ頂点に入る枝と出る枝の数を表す。

ここまで考えてきた関係性は2つの値をとるものだった。すなわち、枝には2通りの値だけが与えられた。このような**2通りに分類される**つながりは、関係が存在するかしないかで定まる。たとえば、誰かと結婚しているかどうかや、誰かに雇われているかどうか、がこれにあたる。しかし、一般的にはこのような場合は例外的である。多くの場合において、2頂点の関係の強さには幅広い多様性が見られる。捕食–被食関係の強さは、食べられる個体の数で測られる。2つのウェブページは散発的な1つのリンクでつながっているかもしれないし、多数のリンクでつながっているかもしれない。また、愛情はちょっとした関心から猛烈な熱情までさまざまである。このような細かな特徴は、枝に与えられる**重み**に対応づけられる。たとえば、人どうしや要素どうしの相互作用する頻度がペアごとに異なることが原因で、**重みつきネットワーク**は生じる。

基本となるネットワーク構造を修正することは他のやり方でも可能であり、そうしてできたより複雑なネットワークを扱う手法はとても興味深い。たとえば、社会ネットワーク研究では、しばしば、異なる種類のつながりがどのように影響しあうかを解明することを目標とする。しかし、ネットワークを用いる方法の強みは、ある場合には対象の具体的な詳細のすべて、もしくは大部分を無視することが正当化でき、効果的であるということである。詳細を無視すれば、有向ネットワークは無向ネットワークになり、枝の重みは取り除かれ、2頂点をつなど多重の枝は1つの枝にまとめられる。いままでの研究成果によると、このような抜本的な単純化を行ってもなお、ネットワークについての重要な情報は保たれるのだ。

（訳注1）定量化とは、ものごとの特徴を数値に直してとらえることを言う。たとえば2つのものの大きさを比べるとき、大きさを測って数値にすれば「2倍大きい」「10倍大きい」など、より正確に違いを表現できる。

（訳注2）トポロジーとは、ここでは頂点の位置や距離を無視した頂点間のつながりの構造を指す。トポロジーは位相幾何学という数学の一分野の研究対象であり、そこでは図形を移動したり伸縮させたりして、切ったり貼ったりせずに同じ形にできる2つのものは同一であるとみなす。

（訳注3）鎖とは、一直線上に並んだ頂点が隣どうしの頂点とだけ枝で結ばれているネットワークを指す。この場合は「くさり」ではなく「さ」と発音する。

（訳注4）鎖の両端の頂点1と5が取引できる相手は、それぞれ2頂点ではなく1頂点である。

（訳注5）流れ作業に従事する労働者は、作業ラインに沿って規則正しく並んでいるだろう。もし仕事場が騒がしければ、口頭でのやりとりはせいぜい隣どうしまででしか届かない。そういった意味で、この例は強い制約条件を課された関係の一つである。

（訳注6）相利共生は生態学の用語で、複数の生物種が同じ場所で相互作用しながら生息することにより、互いに利益を得る関係のことをいう。この関係は正の効果をもたらす。一方で、捕食-被食関係ではどちらかの種の個体数は減るので、相利共生と比べると負の関係性である。

（訳注7）ティボー・アンタルは、ハンガリーのエトヴェシュ・ロラーンド大学で物理学の博士号を取得し、２０１３年現在はエディンバラ大学の数学科で教鞭をとっている。よって本来の専門分野としては、数学者というよりは物理学者に近いといえる。

第3章

ネットワークで構成された世界

ネットワークオミクス(1)

　１９８０年代から１９９０年代にかけて、すべての物事は何らかの意味で「遺伝子」と関連づけられていた。新聞は「同性愛の遺伝子」、「肥満の遺伝子」、「暴力行為の遺伝子」、「アルコール依存症の遺伝子」に関する記事を報じた。この傾向は、ヒトの複雑性の秘密はゲノム（全遺伝情報）に隠されているという期待感に呼応したものだった。ＤＮＡ（正式名をデオキシリボ核酸という、細胞核の中にしまわれていて遺伝子を保持している分子）は、「生命のソフトウェア」ともよばれた。つまり、ＤＮＡこそが生物のすべての特徴をつかさどるプログラムであり、その機能不全がすべての病気の原因となる、という意味だ。

　この考え方を出発点としてゲノム解析は急速に進められ、ついには２００１年２月にヒトゲノムの全体図が発表されるに至った。その解析結果はとても驚くべきものだった。ヒトの遺伝子は線虫[2]に比べてさほど多くなく、ある種のイネよりも少なかったのだ。ヒトのゲノムが類人猿のゲノムとほとんど同一であるというのは妥当な結果だったが、問題なのはマウスともかなり似ていることだった。生命のソフトウェアという比喩は、この証拠を前にしては成り立たなかった。つまり、DNAの配列だけでは生物種の間に見られる違いについて説明できず、ましてや、ある個人のすべての特徴や病気について説明できないことなど言うまでもなかった。実際のところ、遺伝子から出発して生物の巨視的な特徴に至るまでには、長い一連の段階がある。この段階における違いが、結果として現れるさまざまな特徴を決めるのだ。

遺伝子の一段上にある複雑性の階層は、**遺伝子制御**により与えられる。DNAに記録された遺伝子は、転写され翻訳されてタンパク質を生み出す。タンパク質は、筋肉の運動や血液の循環など、生命のほぼすべての局面で重要な役割を担う。あるいは、酵素として働いたり、ホルモンと結合したりもする。さらには、タンパク質どうしは相互作用する。つまり、あるタンパク質の生産は、細胞内に他のタンパク質が存在することによって促進されたり抑制されたりする。タンパク質の相互の影響における繊細なバランスが保たれることは、生命にとって極めて重要である。たとえば、さまざまなガンでは、p53というタンパク質の変異が見られる。これらの遺伝子発現の活性化と抑制の絡まりあったパターンが、**遺伝子制御ネットワーク**を形づくる。このネットワークにおいて、頂点は遺伝子であり、枝は遺伝子の間に発現を制御する関係があることを表す。

タンパク質どうしの相互作用が、生命の複雑性の第二階層に相当する。たとえば、複数のタンパク質が一緒に組み合わさることがある。これによってできる高分子は分子機械として振る舞い、細胞内で機能を担う。タンパク質が正確に組み合わさるためには、互いにぴったり合うような正しい形をしていなければならない。タンパク質が間違った形に折り畳まれると、さまざまな問題が生じることがある。たとえば、ヒトの「狂牛病」（クロイツフェルト・ヤコブ病）の原因となる**プリオン**というタンパク質は、間違った形に折り畳まれたタンパク質に他ならないと考えられている。タンパク質どうしの相互作用関係は、ネットワークをなす。**タンパク質相互作用ネットワーク**において、頂点はタンパク質であり、枝は細胞内で物理的に相互作用するタンパク質どうしの間に結ばれる。

細胞を機能させるには、タンパク質だけでは不十分だ。細胞は物質、エネルギー、情報を周囲の環境とやりとりする。このやりとりは、無数の生化学反応に関わるさまざまな分子を介して行われる。空腹、満腹、寒気をはじめとして、一般的にすべての生理現象は生化学反応の集合によって決まる。この反応の集合を**代謝**という。一連の中間段階を経て分子を別の分子へ変換する反応の連鎖は、**代謝経路**とよばれる。しかし、細胞における反応は、順序だった一列のパターンに従うことはめったにない。たとえば、最終的に生成される分子が反応前の最初の分子と相互作用して、分子を生成する反応を停止させる例がよくある。このフィードバックの過程は、反応の連鎖が環状につながったものだ。このような代謝経路の集合体が、入り組んだ**代謝ネットワーク**を形づくる。

このように、生命は階層的に重なった複数のネットワークがもたらす結果であり、単に遺伝子の配列のみによって完全に決まるわけではない。遺伝学には、**エピゲノミクス**、**トランスクリプトミクス**、**プロテオミクス**、**メタボロミクス**など、それらの階層を研究する分野が加わってきた。これらの研究分野の発展は、一般的に**オミックス革命**とよばれる。ネットワークの考え方は、オミックス革命の核心に位置する。[3]

思考するネットワーク

魂が脳という1つの臓器に具現化されているだろうという考えは、18世紀までは風変わりな推測だとみなされていた。しかし、外科医たちは、脳卒中やその他の脳の損傷が、重要な認知的機能を損なわせる場合があることに気づいていた。つまり、精神と脳との関連がその頃には明らかになりつつあったのだ。当時、解剖学者のフランツ・ジョセフ・ガルは、すべての精神の機能は脳によって生じるという考えを提案した。彼は脳の中に27個の「器官」を特定し、それぞれが色覚、聴覚、記憶、発話、友情、博愛、自尊心などを担っているとした。この考えはあまりに異端だと受け止められ、そのためにガルはウィーンを逃れて革命期のフランスへ避難せざるをえなかった。

その後、たとえばハトの脳から一部分を薄片として取り除くことによって、何人かの生理学者がガルの理論を検証しようと試みた。しかし、彼らはガルの主張した器官の証拠を見出すことはできなかった。この結果から生理学者たちが下した結論は、脳は思考を生み出す器官だが、均質で区分けされていない単一のものであるということだ。つまり、彼らの一人が表現したように、「肝臓が胆汁を分泌するように、脳は思考を分泌する」という考えだ。

この考え方が支配的だったのは、1860年代のポール・ブローカによる研究の以前までだ。表現性失語症患者の検死解剖を行う中で、ブローカは患者の左脳前頭葉にいつもなんらかの損傷があることに気づいた。今日ではブローカ野とよばれるその脳の部分を特定したのち、彼は「私たちは左脳を使って話をする」と明言した。それ以来、神経学者たちはさまざまな活動をつかさどる脳の部分を発見してきた。同時に、それらの部分が独立して働くことはめったにないということも見出してきた。つまり、脳が機能する上で、脳の異なる部分の統合が極めて重要なのだ。

ネットワークは、機能に特化した部位の集まりという脳のとらえ方と、全体で1つの器官とする脳のとらえ方の間を橋渡しする（ネットワークによって個人と集団の中間という視点で社会を記述できるという、社会科学における状況と似ていなくもない）。脳はネットワークに満ちていて、さまざまな網の目状の構造が、特定の機能に特化した部位どうしの統合をもたらす。小脳では、神経細胞集団の繰り返し構造が見られる。神経細胞集団間の相互作用は、格子構造の場合のように隣り合うものどうしに限られる。脳のその他の部分ではランダムなつながりが見られ、神経細胞は近くの細胞とも、中間の細胞とも、あるいは遠くの細胞ともおおよそ等しい確率でつながっている[4]。最後に、大脳新皮質（哺乳類の多くの高次機能に関わる領野）では、局所的な構造どうしが、よりランダムな長距離のつながりによって結びついている。科学者の中には、このようなつながり方が主観的意識に関わっているかもしれないと考える人もいる。つまり、良心が生じるのは、十分に複雑なネットワーク構造による結果かもしれないのだ。

このような神経細胞ネットワークの実際の構造を突き止めることは非常に難しい。神経細胞は莫大な数であり、それらをすべて調べることは困難だからだ。とても単純な構造をした生物、たとえば線虫の**カエノラブディティス・エレガンス** *Caenorabditis elegans* についてのみ、神経ネットワークの詳細な見取り図が得られている。この体長1ミリメートルの透明な体をした寿命3週間の生物はわずか300個ほどの神経細胞しかもたないが、分子生物学におけるスーパースターだ。カエノラブディティス・エレガンスはモデル生物の一つである。モデル生物とは、科学者に性質がよく知られており、いくつかの特徴が人体と対比可能だという理由で、生物実験にとくに適した動物のことだ。この半透明の体をした線虫は、しばしば新しい薬や治療法を試す際に最初の評価対象として用いられる。

ヒトの脳について線虫と同様の神経ネットワークを描くことは、現在のところは不可能だ。しかし、神経細胞を頂点とするネットワークとは別の考え方が適用できるかもしれない。ヒトがある行動をするとき、まばたきのような単純なものであっても、神経細胞の発する電気信号の嵐が脳の複数の部分で巻き起こる。これらの部分は、fMRI（機能的磁気共鳴）のような技術を用いて特定することができる。この技術を用いて、脳の別々の部分が相関のある信号を発することを科学者たちは発見してきた。つまり、脳は特別な同期的活動を示し、同期的活動を示す部分が互いに影響しあっている可能性を示唆する。脳の部分を頂点とみなし、十分に高い活動の相関がある場合に2つの部分を枝で結ぶ。この見方においても、脳は結合した要素の集合だとみなせる。人の行動一つひとつが、脳のネットワーク構造を照らし出すのだ。

ガイアの血管[5]

1999年に、サンフランシスコ湾は大規模なアオコに見舞われた[6]。アオコの発生は、たいていは陸地の集中的な農業利用による結果だ。すなわち、窒素やリンなどの肥料を海へ流すと、それらが藻類の栄養となるのだ。しかし、この説明は今回の事例には当てはまらなかった。なぜなら、さまざまな河川からサンフランシスコ湾に流れこむ水の栄養素汚染の度合いは、多くの政策と規制によって減らされてきていたからだ。

カリフォルニアの生態学者たちは30年間にわたる観測記録をまとめたうえで、このアオコには次のようなもっと複雑な背景があると結論づけた。1997年と1998年に、史上最大規模の**エルニーニョ現象**が記録され、1999年には同規模の**ラニーニャ現象**が続いて起こった。これらの現象によって、カリフォルニアの海流に変化が生じた。この海流の変化により、深海の冷たく栄養豊富な水がサンフランシスコ湾の沿岸に現れ出た。この水の含む栄養が、カレイや甲殻類といった大洋の住人を湾内へ引き寄せた。これらの動物は湾内に住む二枚貝の捕食者であり、その二枚貝は藻類を食べて拡散を妨げる。捕食者が増えたことによって二枚貝の個体数が激減したことが、アオコ発生の直接の原因だった。このドミノ効果の引き金となった気象条件は、気候の通常のゆらぎによるものかもしれない。そうだとしても、結果として起こった現象は我々に対する警告だ。つまり、気候変動、とくに異常気象の頻度の増加は、生態系に予期せぬ効果を及ぼす可能性があるのだ。

サンフランシスコ湾におけるアオコ発生の背景にある重要な構造は、**食物連鎖**だ。食物連鎖とは、捕食‐被食関係にある生物種のひとつながりのことを言う。前述の例で言えば、カレイや甲殻類が二枚貝を食べ、二枚貝が藻類を消費する。食物連鎖を通じて、生物は生存のために必要なエネルギーや物質を別の種から摂取する（これが生物種間で起こる唯一の相互作用というわけではない。花をつける植物とその花粉を運ぶ虫の間の関係のように、生物は互いに利益となる関係を築くこともある）。すべての食物連鎖は、植物やバクテリアなどの**基礎種**から始まる。基礎種は他の種を食べず、太陽光や無機物や水を変換することによって環境から直接資源を得る。これらの資源は、一連の捕食により食物連鎖に沿って移動する。**中間種**は、捕食者でも被食者でもある生物種だ。そして（食物連鎖の最後に位置する）**最上位種**は、他の種に食べられない種だ。

たとえば1970年代のペルーにおけるカタクチイワシ漁に起きたような漁業崩壊の原因は、食物連鎖を考えると理解しやすくなる。大規模な見境のない漁が行われた時期の後、結果として起こるのはタラやマグロといった捕食者の劇的な減少だ。その後、漁業の対象はカタクチイワシなどのより基礎種に近い種へ移る傾向があるが、その個体数もまた急速に落ち込む。その理由は次の通りだ。まず、タラやマグロなどの大型の捕食者が生態系から取り除かれると、食物連鎖の下流に位置していた別の種が最上位種として取って代わる。この新たな最上位種がカタクチイワシなどの食用になる基礎的な種を食べてしまう。このように、個体数調整を

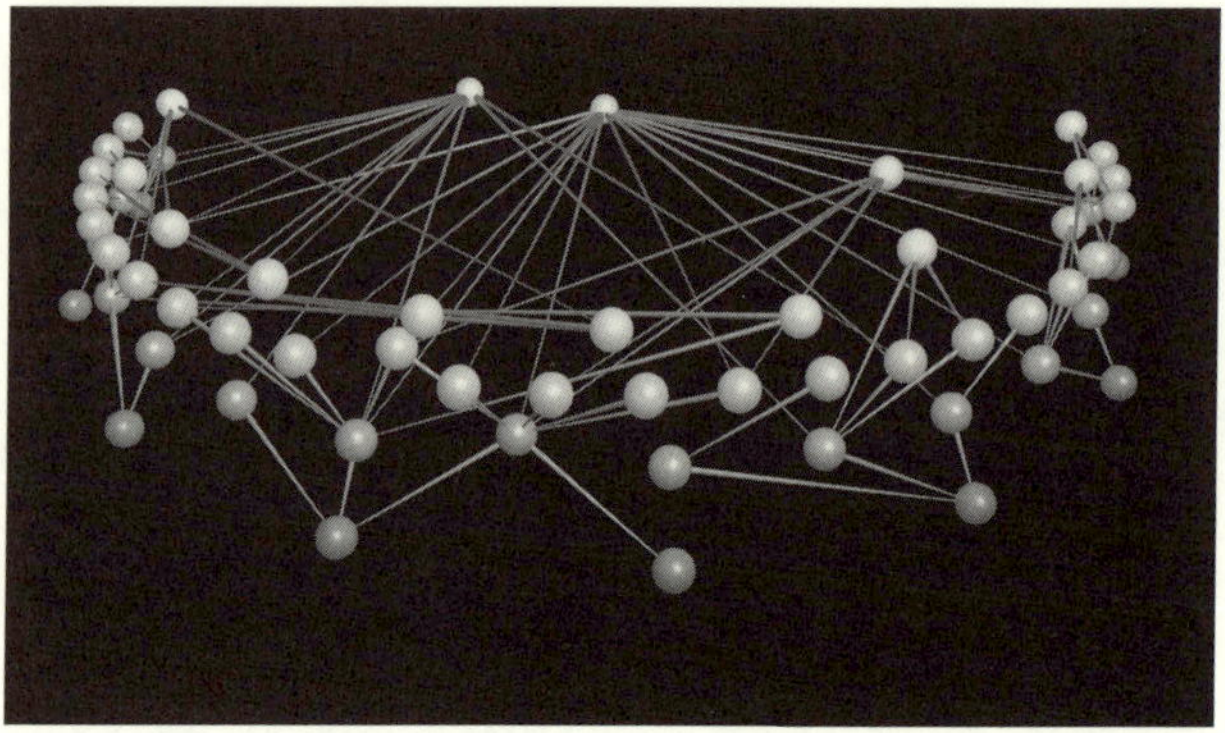

図５　イギリスの草原における食物網の一例。頂点はイングランドとウェールズの草地区画に住む生物種を表し、枝は捕食者（枝の太い方の頂点）から被食者（細い方の頂点）へ向けて描かれている。

しなければ連鎖的な個体数の崩壊が起こるのだ。

実際の生態系の状況は、よりいっそう複雑である。一般的に、食物連鎖は孤立しておらず、複数の食物連鎖が込み入った形で織り合わされていて、1つの生物種は同時に複数の食物連鎖に属する。たとえば、1種類の被食者だけを（またはある場合には2、3種だけを）食べる種はいるだろう。もしその被食者が絶滅すると、その種に専門化した捕食者も激減し、**共絶滅**を引き起こす。より複雑なのは、雑食の種が草食動物を食べ、両者が同じ植物を食べる場合だ。このとき、雑食種が減ると、食べられる側の植物が繁栄するというわけではない。なぜなら、雑食種が減ると草食動物が得をして、よりいっそう多くの植物を消費するからだ。

より多くの生物種を考慮するに従って、個体数の変化はますます複雑になるだろう。したがって、「食物連鎖」よりも**食物網**のほうが生態系を表す言葉としてより適切だろう（図5）。食物網は、頂点が生物種、枝が捕食‐被食関係を表すネットワークである。枝は基本的に有向である（大型の魚は小型の魚を食べ、逆は起こらない）。食物網が、生物種の間の食物、エネルギー、物質のやりとりをもたらし、それによって生物圏[7]の循環システムを構成する。食物網は、ガイアの血管である。

ホモ・「レティアリウス」（ネットワークをもつ人）[8]

ホワイトカラーの求人情報を得るために、クチコミは一般的な方法だ。だから、もしこの手の仕事を探しているなら、そのことを友人や親類の間に広めることはよい考えである。あまり知られていないことだが、遠く離れた知人や頻繁には会わない人たちに知らせるのはもっとよいことかもしれない。これこそが、1973年にマーク・グラノベッターが提唱したことだ。

社会学者であるグラノベッターは、ボストン郊外に住む専門的職業の人々に対してインタビュー調査を行った。調査の対象として選んだのは、最近仕事を得るにあたって個人的なつてを頼った人だった。グラノベッターは、職探しをする前にその紹介者にどれくらい頻繁に会っていたかを対象者に尋ねた。大多数の人は「時々」と答え、かなりの割合が「めったに会わなかった」と答えた。職の申し出は、親しい友人からよりも、大学時代の友人や過去の同僚や以前の雇用主から来やすい。こういった薄い関係が再発見されるのは、偶然や共通の友人の存在を通じてだった。グラノベッターは、この現象を**弱い紐帯の強さ**と表現した[9]。

グラノベッターは、エゴとよばれる仮想的な個人を取り巻く知人関係を描写することにより、この調査結果を説明した。エゴは、家族と何人かの親しい友人とともに日々を暮らしている。おそらく、これらの人々全員も互いに親しい関係である。その結果、この集団の中では情報が速く伝わる。よって、エゴはおそらくこのグループ内で得られる情報をすべてよく知っている。反対に、弱い紐帯はエゴと遠く離れた人々をつなぐ。エゴと弱い紐帯でつながった人々は、エゴを取り巻くグループとは異なる社会環境に暮らしているかもしれない。したがって、彼らは新たな社会グループとつながる可能性をエゴにもたらす。遠くはなれた人々の社会グループ一つひとつは、彼らなしではエゴが得ることのできなかった情報をもっているのだ。

弱い紐帯がもたらす機会を失うと、組織や企業や団体は困難な状況に直面する。つまり、情報や技能が1つの集団の中に閉じ込められてしまい、それを必要とする人に届かなくなる。もしそうなると、必要な情報や技能を再発明したり、代金を払って外部コンサルタントから入手したりしなければならない。ヒューレット・パッカード社のかつての最高経営責任者の一人がこう嘆いたという。「我が社が何を知っているのかを、我が社自身が知ってさえいたら!」

グラノベッターの考察は、後に**社会関係資本**の理論へと発展した。この社会関係資本の考えが意味するのは、知人（そして知人の知人）の存在が、最終的によい職や早い昇進をもたらす情報源への接触を可能にするということだ。より一般的に言えば、社会ネットワークにおける個人の立ち位置が、将来の機会、制約、成果などを決定する上でとても重要なのだ。

知人関係は主観的なことなので、測るのは難しい。たいていの場合、企業の組織図のような見取り図はあまり有用ではない。なぜなら、そのような図は、労働者どうしの実際の人間関係には対応していないからだ。この理由から、それらの図は社内の情報伝達の経路（そしてありうる情報伝達のボトルネック[10]）について理解を助ける上で役に立たない。科学者たちは、社会ネットワークを描くために非常に多くの代案を考えてきた。それらは質問票調査から**スノーボール・サンプリング**まで多岐にわたる。スノーボール・サンプリングとは、インタビューを受けた人が、次にインタビューを受ける人を知人の中から推薦するという方法だ[11]。色々な集団内（アメリカ中西部の高校生から、ブルキナファソのとある村の住民まで）の性的関係ネットワークのような、慎重に扱うべきデータの収集がこれらの方法により可能となった。これらのネットワークを調べることによって、性感染症の拡散をより深く理解することができる。

知人関係よりもネットワークに表しやすい人間関係は、専門職における協業だ。ハリウッド（同じ映画に出演した俳優どうしを枝で結ぶ）から、科学研究（一緒に論文を書いた科学者どうしを枝で結ぶ）まで、そのような協業のネットワークはいくつかの分野に存在している。協業は、より風変わりな状況においても見出される。たとえば、政治では、同じ法案を支持した議員どうしを枝で結ぶことができる。あるいはテロリズムの文脈では、機密報告書や法的文書に基づいて、関係があるテロ活動家どうしを枝で結ぶことができる。

情報技術は、人どうしの相互作用を測るための新しい強力な方法をもたらす。2人の間の頻繁な電話や電子メールでのやりとり、フェイスブックやリンクトインのようなインターネット上の社会ネットワークでの友人関係は、安定的な関係、すなわちネットワークの枝に相当する。ますます多くの企業が、そのような人間関係の情報を見つけるために、顧客の社会ネットワークを活用している。たとえば、電話会社は「影響力のある」顧客をサービス提案や他の営業戦略のターゲットにしていると言われる。もしそういった顧客が電話会社を乗り換えると、他の顧客も同様に乗り換えるかもしれない。

言葉のネットワーク、アイデアのネットワーク

「What shall King Henry be a pupil still / Under the surly Gloucester's governance?」シェイクスピアの「ヘンリー六世」第二部（全三部）におけるマーガレット女王の台詞だ（第一幕、第三場）[12]。女王は、夫であるヘンリー王に対するグロスター公の影響力について不満を述べてい

る。ここで「pupil」という彼女の言葉が含む意図は何だろうか？ ある類語辞典によれば、pupil は以下の語によって言い換えることができる。それは、scholar（学生）、acolyte（侍者）、adherent（信奉者）、convert（改宗者）、disciple（弟子）、epigone（亜流）、leige man（家臣）、partisan（熱狂的支持者）、votarist または votary（信者）だ。これらの単語は、他者の影響下にある人を表現する言葉である。

「pupil」に関連する他の言葉も探すことによってこの範囲を拡大することができて、そこに含まれる単語は「pupil」の**意味的領域**をなす。この意味的領域は、faithful（忠実な支持者）、loyalist（体制支持者）、advocate（理念などの支持者）、backer（後援者）、supporter（支援者）、satellite（取り巻き）、yes-man（イエスマン）などの語を含む。

それでは、女王は夫にどんな役割を望むのか？「pupil」の対義語としては、non-student（非学生）、coryphaeus（指導者）、leader（リーダー）、apostate（背教者）、defector（離党者）、renegade（反逆者）、traitor（裏切り者）、turncoat（変節者）などがある。当然のことながら、女王はヘンリー王に、グロスター公の権力に対して反抗することを求めているのだ。

これは、単語どうしがどう結びつくかを表す簡単な例だ。実際には、厳密な分析のためには、単語の使用法の歴史的な変化、シェイクスピアの作品におけるある用語の具体的な使われ方、脚本中で単語が使われる文脈などの色々な要素も考慮しなければならない。とはいえ、ある単語と「隣り合う単語」を考慮することによって、その単語の意味をよりよく理解できる、といって差し支えないだろう。

同義性、**対義性**、そして**意味的連関**は、単語どうしの関係のうち、ほんの数例にすぎない。他の例は、**下位語**と**上位語**だ（「ビール」は「飲み物」の下位語であり、「飲み物」は「ビール」の上位語である）。「pupil」は、もう1種類の関係性である**多義性**のとてもわかりやすい一例でもある。この単語は、まったく異なる2つの意味をもつ。すなわち、「生徒」と「瞳」の両方を意味する。もちろん、シェイクスピアの戯曲の文脈に従って、正しい意味は直ちに決まる。一般的に、文脈によって単語の正確な意味がわかる。文における単語の**共起関係**が、それらの単語の意味を決めるのだ。共起関係によって、単語どうしの更なる関係もわかる。「王」と「ヘンリー」が一緒に英文に現れる可能性は、たとえば「王」と「相対性」が一緒に現れる可能性よりもはるかに高い。

私たちは、いまや我々自身の言葉の見取り図をつくりだすことができる。単語を頂点とし、枝は同義語や対義語や多義語どうしを結ぶとしよう（これらの関係は、類語辞典や英英辞典から取り出せる。共起関係のパターンは、**大英国立コーパス**などの大規模な言語データベースから取り出せる）。意味的連関は突き止めるのがもっと難しく、その研究が言語学の一分野をなすほどだ。言語によっては、ある単語と関連する単語群を引くための特別な辞書がある場合もある。

言葉のネットワークを描く別の方法は、**単語の連想**の実験を行うことだ。被験者にある単語を提示し、それを聞いて思い浮かべた最初の単語を言うようにお願いする。被験者が言った単語は、次の連想をしてもらう際の提示用に使われ、同様にして連想を繰り返す。このように実験を進めて、少しずつ連想関係のネットワークを構成する。

これらの方法を用いてつくられる単語ネットワークは、いくつかの要因に左右されるだろう。文章中の単語の関係を使う第一の方法では、描かれるネットワークは、言語、文章の種類、文章の著者の受けた教育に依存する。単語の連想実験に基づく第二の方法では、描かれるネットワークは被験者の言語機能障害にも関係するかもしれない。

単語ネットワークは多くの情報を含む。しかし、文章の実際の内容を調べたり別々の文章に書かれた考えの間の関係を調べたりするために、通常はとりたてて役に立つわけではない。このことは、たとえばウェブの検索語について分析するときにとても重大な問題だ。検索エンジンに入力された言葉とウェブページに含まれる言葉との関係を把握するためには、単語ネットワークの知識だけでは不十分で、たいてい複雑なアルゴリズムをあわせて用いなければならない。

しかし、ある種の文書については、文書間のネットワークをとても正確に描くことができる。科学研究文献はその一例だ。科学的知識の創出は、決して孤独な努力ではない。哲学者であるシャルトルのベルナールが12世紀に初めて指摘したと伝えられるように、科学者は「巨人の肩に立つ小人」なのだ。つまり、科学者の業績は、ほぼすべての場合にそれ以前の研究成果の上に積み上げられる。論文の末尾にいくつかの先行文献を引用することによって、研究者はこの事実を認識する。引用によって、過去の似た研究成果が認知され、新たな結果に信憑性が与えられ、肯定や批判を受けた事実、技術、実験への言及がなされる。

論文出版は、近年、広範囲にわたって標準化されてきた。たとえば、論文はほとんどが英語で書かれ、(主に**査読**を通じて)質をコントロールする方法が画一化され、論文の影響力を測る指標が工夫されてきた。それと同時に、出版物の大規模な電子データベースが開設され、毎日数千もの新たな項目が追加されている。それらの項目には、論文、書籍、特許、研究計画などが含まれる。これらすべての項目をあわせると、出版物の巨大なネットワークとなる。このネットワークでは、ある項目が別の項目を引用するとき、2つの項目は枝でつながっているとする。データベースを用いて項目ごとの著者を特定することで、科学者の共著関係のネットワークをつくることもできる。このようなデータベースは、科学的知識がどう発展しているか、最も活発な研究分野はどこか、というような問いを視覚的に理解するためにますます利用されつつある。

つながりが動かすお金

2008年に、アメリカの多数の巨大金融機関が突然破産した。それから数か月のうちに、先進諸国の大部分がこの史上最大級の金融危機に巻き込まれた。この金融危機の原因についてたくさんのことが書かれてきたが、経済は地球規模でとても固く結びついているということをこの危機が示したのは確かだ。

古典的な経済理論では、経済的主体は独立した完全に合理的な行為者で、利益を最大化することに集中しているとされる。しかし、現実には個人、企業、機関、国家は独立ではない。すべての主体が互いにさまざまな形で影響しあっている。それらの振る舞いは完全に合理的というには程遠く、主観や感情や相互の関係に強く左右される。

資金の貸与は、企業や組織が強固に結びつく一つの方法だ。興味深い例は、民間銀行の間で日々やりとりされる資金だ。これによって、取引先が要請してくる融資額を予想して資金を準備しておくことができる（したがって、資金はより流動的になる）。取引先からの要請が銀行の流動性準備金を超えそうならば、銀行は他の銀行に資金を貸してくれるよう頼むことができる。世界各国の中央銀行は、流動性の不足に対する余力をつくるために、他の銀行に対して預金や借入金の一部を中央銀行に置いておくよう要求する。このようにして、中央銀行は金融システムの安定性を保証し、資金流動性ショックを回避する。銀行間の資金貸与ネットワークの機能低下は、2008年の金融危機における前触れの一つだった。

株式保有は資金貸与よりも一層強固な関係である。株式保有とは、ある企業が別の企業の資本に直接関与することだ。このことは、前者の企業が後者の一部を保有し、主要な意思決定に影響力を行使する能力をもつことを意味する。株式保有が支配力に変わるのは、株式の大部分を保有する場合や、取締役会の過半数の投票権をもつ場合だ。この場合は、法的には独立な企業が企業グループに変わる。企業グループはたいていピラミッド型の構造をなす。その頂点には**持株**会社が位置し、業務会社は支配階層の下位に位置する。

企業グループは、多くの国で明確に法的制限を受ける。しかし、より柔軟で規制の緩い企業支配の方法がある。最も一般的には、それは取締役会の中で起こる。企業経営者は、多くの企業の取締役会に同時に属することがよくある。言うまでもなく、複数の企業の取締役を務める人は、企業間で情報をやりとりしたり、企業間の提携や利害関係を調整したりするための窓口だ。彼らが同時に複数の取締役会に属することによって、企業の間に**役員兼任関係**が確立する。この関係にある企業が明白な競合相手どうしであれば、この状況は明らかに自由市場の概念と相容れない。競合する2社に属する取締役は、一方の企業を選択するか、2社の間にカルテルを締結するだろう（カルテルは一般に法律で禁じられている）。一般的に言って、そのような状況に置かれた取締役は、2社の出資者の利益にかなうよう両方の企業を経営することは困難だと気づくだろう。

株価の相関は、企業の相互関連性の更なる証拠だ。金融実務家は、同一の分野（たとえば、鉱業、運輸業、サービス業、食品産業）で活動する企業の株式が、ある程度似通った「同期的な」価格変動を示すことを知っている。たとえば、電機産業に属する（それ以外の産業でもよいが）すべての企業の株価は、同時に上昇したり下降したりする傾向がある。金融アナリストは、ある株式の価格変化が他の株式の価格変化に影響される度合いに関心がある（つまり、彼らは株価の間の相関を知りたい）。もし相関関係が十分に強ければ、2つの企業は何らかの意味で関連している可能性が高い。

これまで述べてきた、資金の貸与、株式の保有、取締役の兼任、株価の相関は、企業間のネットワークをつくるための主なやり方だ。すなわち、企業の間にこれらの関係のうち一つでも成り立つ場合に、企業間を枝で結ぶ。

経済の相互関連性は、特定の市場に属する企業群がなす関連性よりもはるかに広い範囲におよぶ。２００８年の金融危機が示したように、経済現象は国内市場から地球規模の事態へと急速に拡大するのだ。このような地球規模の相互関連が起こる好例は、国家間の輸出入による貿易関係だ。**世界貿易網**は、国が頂点であり貿易関係が枝を定めるネットワークである。細胞内のネットワークと同じように、経済も銀行間ネットワーク、企業間ネットワーク、世界貿易網などが階層的に重なったネットワークによって決まる。

重要なインフラ網

2003年9月28日の夜、サルディーニャ島を除くイタリア全土にわたって停電が発生した。通常の電力供給を復旧するには数時間を要し、場所によっては数日かかった所もあった。後の調査によって明らかとなったのは、イタリアとスイスを結ぶ高圧線付近での、倒木によるフラッシュオーバー[13]がこの大停電の引き金となったということだ。この高圧線が使用不能となったことで電力の供給不足が生じ、それを補うために残りの送電線に対する電力需要が急増した。結果として、電力需要に耐えられなかったそれらの送電線が機能を失い、送電システム全体に機能障害が波紋のように広がったのだ。

大規模な停電が起こると、電力網の連結性を意識させられる。電力網は、発電の中心地から都市や工業地域へと長距離的に電力を供給する。電力網は最初は慎重に設計されるが、年月が経つにつれて変更されて、どんどん込み入ったものになっていく。今日では、高圧送電線によって結ばれた発電所、変電所、変圧器が、複数の地域や（2003年の停電の例が示すように）場合によっては複数の国々をまたぐネットワークをなす。致命的な事故を防ぐために、電力網を注意深く維持管理しなければならないことは明らかだ。

電力網と同じような不安定性は、他のさまざまなインフラ網にも見られる。電話の通話ネットワークのような通信システムはその一例である。なかでも最も不安定性の影響を受けやすいのは、おそらく交通ネットワークだろう。つまり、都市を結ぶ街路、高速道路、鉄道、燃料や他の物資を輸送する船舶のネットワーク、そして何にもまして航空網だ。飛行機は、年間に何十億人もの乗客と大量の物資を運ぶ。航空網のとても小さな機能不全が、重大な結末を招く。欧州航空航法安全機構（ヨーロッパの航空管制の安全を担う機関）の推計によると、航空便の遅延がヨーロッパ諸国に与えた損失は、１９９９年だけで最大で20兆円にのぼるという。今日のグローバル化された世界にとって、交通ネットワークとは生物にとっての循環器系のようなものなのだ。

世界を覆うインターネット

１９６９年10月、電話回線を通じて1台のコンピュータから別のコンピュータへと世界初のメッセージが送られた。その回線でつながられていたのは、カリフォルニアにある2つの大学の研究室だった。最初の数文字を残してメッセージは破損してしまったものの、コンピュータどうしの接続は確立された。これが、現在のインターネットの祖先に当たるアーパネットが誕生した瞬間であった。

　コンピュータのネットワークという発想は、このメッセージ送信実験が行われる10年ほど前からよく知られていた。１９５０年代の終わり頃、ＡＲＰＡ（アメリカ高等研究計画局）は、攻撃に耐える能力をもつ通信網の設計をエンジニアのポール・バランに依頼した。とくに、システムの一部分を破壊するような攻撃を受けてさえ、通信システム全体としては稼働し続ける必要があった。バランは、依頼どおりの性能をそなえた分散型システムを期日通りに設計した。しかし、国家戦略の変更に伴って、彼の先駆的な研究成果は鍵のかかった引き出しにしまい込まれた。ところが、１９６０年代になると、いくつかの大学が目的は異なるがバランのシステムと似たような研究計画を立てて、そのための資金提供をＡＲＰＡに要請した。それらの学術研究機関は、コンピュータの計算能力を結集するために各機関のコンピュータどうしを接続することを熱望していた。

　このようにして１９６９年に完成したアーパネットは、ＵＣＬＡ（カリフォルニア大学ロサンゼルス校）とＳＲＩ（スタンフォード研究所）とを接続した。2年後には、アーパネットを構成する頂点数は、いくつかの企業や他の大学を含み、40を超えた。アーパネットはとてもうまくいったので、１９７０年代には、世界中の異なる場所で素粒子物理学者や天文学者や企業によって同様のネットワークがつくられた。そのようなネットワークの例に、ヘプネット、スパン、テルネットがある。

コンピュータ通信の初期における課題がコンピュータどうしをつなぐことであったとすれば、次は、いかにネットワークどうしをつなぐかということに関心が移っていった。**相互ネットワーク化**は、多くのコンピュータ科学者の合言葉となった。１９７０年代の終盤には、エンジニアのロバート・カーンと数学者のヴィントン・サーフがＴＣＰ／ＩＰを開発した。このソフトウェアを用いると、ネットワークの内部構造に関わらず、ネットワークどうしで通信することが可能となる。ＴＣＰ／ＩＰのプログラムコードは、**オープン・アーキテクチャ**の考え方に基づいて公共財産とされた。１９８０年代には世界中のネットワークにおいて**ＴＣＰ／ＩＰを用いた通信への移行**が完全に達成され、「ネットワークのネットワーク」であるインターネットが誕生したのである。

インターネットは、おそらくネットワークという考え方を最も良く表す人工構造物だろう。インターネットに接続したコンピュータは、あまたある**ホストコンピュータ**の一つとなる。特定のコンピュータへ電子メールを送りたいとき、目的のコンピュータに直接接続する必要はない。出発地から目的地へ、**ルーター**というデータの転送を担う機器を介して情報が伝達されるからだ。インターネットは、光ファイバー回線、電話回線、衛星接続などの多種の通信回線によって連結性が保たれている。

ホストコンピュータや通信回線をネットワークのどこに追加するかを計画する人は誰もおらず、インターネットの全体構造は記録されていない。実際のところ、ホストコンピュータを頂点としてネットワークを描くことは不可能だ。代わりにルーターを頂点とするネットワークを考えることによってのみ、インターネットの大まかな描像を得ることができる。この場合、ネットワークの頂点はルーターであり、枝はルーターどうしの接続関係である。同じ組織によって管理されている複数のルーターは、自律システムとしてひとまとめにすることができる。自律システムは、通常はインターネット接続事業者（ＩＳＰ）やその他の組織に対応する。自律システムを頂点としてネットワークを描くと、ルーターを頂点とする場合よりも、インターネットの大まかな構造を把握しやすくなる。

インターネットの偉大な成功の要因は、それがもたらす秀逸なユーザー体験にある。テレビの試聴は、一方通行の単一のメディアによる受動的な体験だ。インターネットはそうではない。インターネットを通じて、人々は無限に連なる記事の間を移動し、さまざまなメディアを利用し、情報をやりとりし、互いに交流することができる。電話やラジオやテレビのような既存の通信技術とは異なり、インターネットには特定の目的がない。むしろ、インターネットは、無限にある利用方法の受け皿となることができる変わり種の人工物だ。

実のところ、インターネットは各種のサービスを支える物理的インフラ網にすぎない。インターネットで最も成功したサービスの一つはワールド・ワイド・ウェブ（ＷＷＷ）だ。ＷＷＷは、インターネットを構成するコンピュータに記録された**電子文書**の巨大な集合である。電子文書どうしは、文書間の探索を可能にする**ハイパーリンク**によって結ばれる。ＷＷＷのつながり方のパターンは、論文や書籍や特許などが引用を通じて結ばれた科学研究文献のネットワークと若干似ている。

ＷＷＷのアイデアは、ＣＥＲＮ（欧州原子核研究機構）において生み出された。物理学者のティム・バーナーズ=リーは（後にコンピュータ科学者のロバート・カイリューが加わって）、ＷＷＷの計画を１９８９年に発表した。バーナーズ＝リーは、素粒子物理学実験によって生成された大規模なデータに科学者が自らのコンピュータを通じてアクセスすることができるようなシステムを設計したのだ。このシステムの動作を可能にするソフトウェアは特許化されず、公共財産として公開された。この公有化という選択は、ＴＣＰ／ＩＰもそうであったようにとても有効だということが後に証明された。開発の当初から、数千人もの（そしてその後はさらに多くの）ユーザーがＷＷＷのシステムを試し、改善し、ウェブページとサービスをつくった。ほんの数年のうちに、ウェブは世界規模のネットワークとなった。

ウェブを探索する（たとえばグーグル（Google）やヤフー（Yahoo!）のような）どの検索エンジンもすべてのウェブページを記録することはできないので、ウェブの規模がどれほどかは誰にもわからない。結局のところ、この疑問はあまり意味をなさない。それぞれのウェブサイトは必要に応じて新たなウェブページをつくることができるからだ。2005年時点でのある推計によれば、WWW全体の情報（ページを表示するだけの静的なウェブページがもつ情報）は、200テラバイトの情報量に換算されるという。これは、アメリカ国会図書館に当時収蔵されていた情報量のおよそ10倍だった。WWWは指数的に成長するので[14]、今日のWWWが有する情報量はこれよりも桁違いに大きいことは疑うべくもない。

サイバー空間

2001年9月11日、ニューヨーク市のインフラ網は、人為的な悲劇と同時に発生した「ネットワーク的大災害」に見舞われた。ハイジャックされた2機の航空機が世界貿易センタービル群に衝突したすぐ後、電話の発信数は急増した。人々は、友人と連絡をとったり同僚と共に被害者を救助したりしようとした。携帯電話のネットワークはすぐに通信量が過大となりつながらなくなったので、人々はマンハッタンの公衆電話に列をなした。ヴェライゾン（Verizon）の中央オフィスは航空機の衝突により被害を受け、電話網のうち20万回線が遮断された。AT&Tのインフラ網は、その一部が世界貿易センターの地下フロアに入居しており、同様に破壊された[15]。電話がつながらないので、多くの人々は通信手段をインターネットに切り替えた。しかし、データの無線通信サービスも同じく被害を受けていた。事件の経済的影響は、事件現場をはるかに越えて広がった。ニューヨーク株式市場が業務を再開できるようになるまでには、事件後6日間を要した。各種インフラ網のサービスが大惨事以前の水準近くに回復するまでには、数か月を要した。

このテロが示したことは、独立で機能できるネットワークはまず存在しないということだ。物理的なインフラ網とインターネット上のインフラ網は、共通の**サイバー空間**に埋めこまれていて、エネルギー、情報、交通、通信などを提供している。電力網がインターネットを支え、インターネットがＷＷＷの基盤となり、ＷＷＷが電子メールサービス、ＳＮＳ、情報ウェブサイト、ファイル共有システムを可能にする。航空管制、銀行の業務処理、緊急通報システム、商業サービスを含む多くの経済活動もＷＷＷに依存している。サイバー空間を構成する１つのネットワークの崩壊が、しばしばまったく予期せぬ形で他のネットワークに影響を及ぼすのだ。

複数のネットワークの相互接続は、インフラ網以外の多くの場合にも存在する。たとえば、２００８年に経済に影響を及ぼした資金流動性ショックは、銀行間のネットワークからすぐさま多くの他の経済ネットワークに波及した。同じように、社会ネットワークでも、複数のネットワークが相互に接続している例が多くある。ある興味深い例は、インターネット上のＳＮＳ

における交友関係と現実世界の友人関係との対比だ。この2つのネットワークの間には、自明でないフィードバックが存在する。すなわち、実生活で出会った人をSNS上で友達として登録したり、SNS上で知り合った人と実生活で会ったりというように、2つのネットワークでの人間関係が互いに影響しあって変化する。

別の例には細胞がある。細胞は小さなサイバー空間であり、そこでは遺伝子制御ネットワーク、タンパク質相互作用ネットワーク、代謝ネットワークが互いに重なっている。このことから、ゲノム、プロテオーム、メタボロームという概念を、**インタラクトーム**という包括的な概念として融合することを提案した科学者もいた。さらに別の例として、生態系も相互に接続したネットワークの集合とみなせる。たとえば、敵対関係のネットワークと共生関係のネットワークの両方ともが、生物種がいかに繁栄するかに影響する。これらすべての事例において、ネットワークは、絡み合った対象を解きほぐして理解するのに役立つ。

（訳注1）ネットワークオミクス（Networkomics）とは、ネットワークとオミクスを組み合わせた造語。オミクス（omics）は、対象を個別ではなく全体として研究する学問を意味する。

（訳注2）線虫は、細長い糸状の体型をした虫の一種の総称である。線虫は触手などをもたず、体は基本的に無色透明で

ある。体の構造が比較的単純であり飼育が簡単であるという理由から、ある種の線虫は実験生物としてしばしば用いられる。

（訳注3）この節のタイトルであるネットワークオミクスは、生命の階層をなす複数のネットワークを個別に調べるのではなく、全体として研究する学問と位置づけられている。

（訳注4）この一文は著者の意見であり、神経科学における一般的な理解とは必ずしも合致しないと思われる。

（訳注5）ガイアは、ギリシャ神話において大地の象徴とされる女神の名前である。イギリスの科学者ジェームズ・ラブロックは、地球全体が1つの生命体であるとみなすガイア理論を提唱し、その中で地球のことをガイアとよんだ。

（訳注6）アオコとは、海や湖などにおいて藻類が水面を覆い尽くすほど大量発生する現象であり、また、その際の藻類そのものを指す。

（訳注7）生物圏とは、地球上で生物が存在する領域のことをいう。

（訳注8）レティアリウスは、ラテン語で「網をもつ人」もしくは「網をもつ戦士」を意味する。

（訳注9）紐帯は、社会ネットワーク分析における訳語で、個人間のつながりを意味する。ネットワークの枝と同義。

（訳注10）ボトルネックとは瓶の口へ向かって細くなる部分にたとえて、ネットワークの中で枝の密度が低く、行き来する経路が少ない部分を指す。たとえば社内が2つのグループに分かれていてグループ間にほとんど交流がなければ、そこは情報伝達のボトルネックだろう。

（訳注11）スノーボールとは、文字通り雪玉という意味。インタビューする対象を知人関係を利用して広げていく様子を、雪玉のまわりに雪をくっつけて大きくしていく様子にたとえてこうよばれる。

（訳注12）この台詞を和訳すれば、「ヘンリー王は、いつまでもあの不機嫌なグロスターにああしろこうしろと言われる生徒なのですか？」となる。ここでは英単語のネットワークについて述べているため、この台詞は原文のままとした。（和訳出典：松岡和子訳『ヘンリー六世シェイクスピア全集19』筑摩書房）

（訳注13）フラッシュオーバーとは、電気設備の故障や落雷などによって発生した異常電圧により、電線とその支持物とをつなぐ絶縁体である「がいし」の表面に沿って空気を通じた放電が起こる現象である。

（訳注14）WWWが指数的に成長するとは、WWWを構成するウェブページ数が時間が経つごとに定数倍されるというこ

とである。たとえば、2日目のウェブページ数は1日目のウェブページ数の2倍、3日目は2日目の2倍、4日目は3日目の2倍、というように増えたとすると、この増え方は数学的には指数関数という法則に従うので、「指数的に増える」と表現する。

（訳注15）ヴェライゾンとAT&Tは、どちらもアメリカの大手通信事業者である。

第4章

連結性と近接性

世界は一つ

２００６年11月４日、ドイツ北西部にある１本の電線が断線したことをきっかけとして、ポルトガルにまで及ぶ連鎖的な大停電が起こった。このような小さな断線は、特定の地域か、せいぜい１国の範囲までしか影響を及ぼさないと予想されるだろう。しかし、電力網はますます統合されてきていて（現在では、１つの大陸を覆うほどの巨大なネットワークを形成している）、その結果としてより故障に対して弱くなってきている。

同じことは、電力網以外のインフラ網でも起こりつつある。たとえば、航空網では、ほとんどすべての空港が１つにつながっている。今日では、どの空港から出発しても、限られた回数の乗り継ぎを経て、実質的にすべての空港へ行くことが可能だ。インターネットも、同じように完全に1つにつながっている。なぜなら、インターネットは、より小規模なコンピュータネットワークを統合することで成長してきたからだ。

インフラ網とは違って、自然界や人間関係のネットワークは、ばらばらの部分に分断されているかもしれない。細胞内で働く化学物質のグループのなかには、同じグループに属する物質とのみ相互作用して、他の物質とはまったく相互作用しないものもある。生態系では、ある生物種のグループは、グループ外の種と一切の相互作用をもたず、そのグループだけで小さな食物網を形成する。人間社会では、ある人たちは他の人々から完全に分かれているかもしれない。しかしながら、そのような分離した集団、言い換えれば分離した**連結成分**は、規模の小さい少数派である。すべてのネットワークにおいて、ほとんどの構成要素は**巨大連結成分**とよばれる大きなひとかたまりの構造に含まれる。

たとえば言葉のネットワークでは、ある単語の連想実験の結果、全体のうち96パーセントの単語が1つの大きな集団をなすことを科学者たちは発見した。「火山」と「お腹」のような似ていない単語であっても、この大集団に属しているならば2つの単語の間に経路をみつけることができる。実験参加者によって引き出された連想の経路は、具体的には「火山」、「ハワイ」、「くつろぐ」、「心地良さ」、「痛み」、「お腹」だった。

一般的に、ほとんどすべてのネットワークにおいて、巨大連結成分は全体の頂点のうち少なくとも90〜95パーセントを含む。この事実が導く興味深い結論をいくつか挙げよう。性的関係のネットワークの場合では、関係することを想像も望みもしない人たちと、過去と現在の性的関係を通じてつながっているかもしれない。科学者の共同研究ネットワークの場合では、ごくわずかの孤立した研究者を除けば、共著関係の巨大連結成分が存在する。企業の取締役会の場合では、企業どうしの役員の兼任関係が、大多数の企業を含む連結性を与える。最後に、食物網では、ある場所で1つの生物種が受けた汚染が、地球の反対側ほども離れた場所にいる一見関係なさそうな種にまで食物連鎖を通じて運ばれる。

巨大で連結したネットワークの世界に住んでいるからといっても、すべての頂点からすべての頂点へ到達できるとは限らない。普段使う道路が一方通行かどうかを知っておくのが肝心であるように、ネットワークにおいても枝が有向（方向がある）かどうかを知っておかねばならない。有向ネットワークでは、ある頂点から別の頂点への経路が存在しても、逆向きの移動は不可能であるかもしれない。オオカミはヒツジを食べ、ヒツジは草を食べるが、草はヒツジを食べないし、ヒツジがオオカミを食べることもない。

この枝の方向による制限は、巨大連結成分の中に複雑な構造をつくりだす（図6）。たとえば、1999年のある推計によれば、枝の向きを無視すればWWWの90パーセント以上のページは互いにつながっていたという。ところが、枝の向きを考慮すると、互いに到達可能な頂

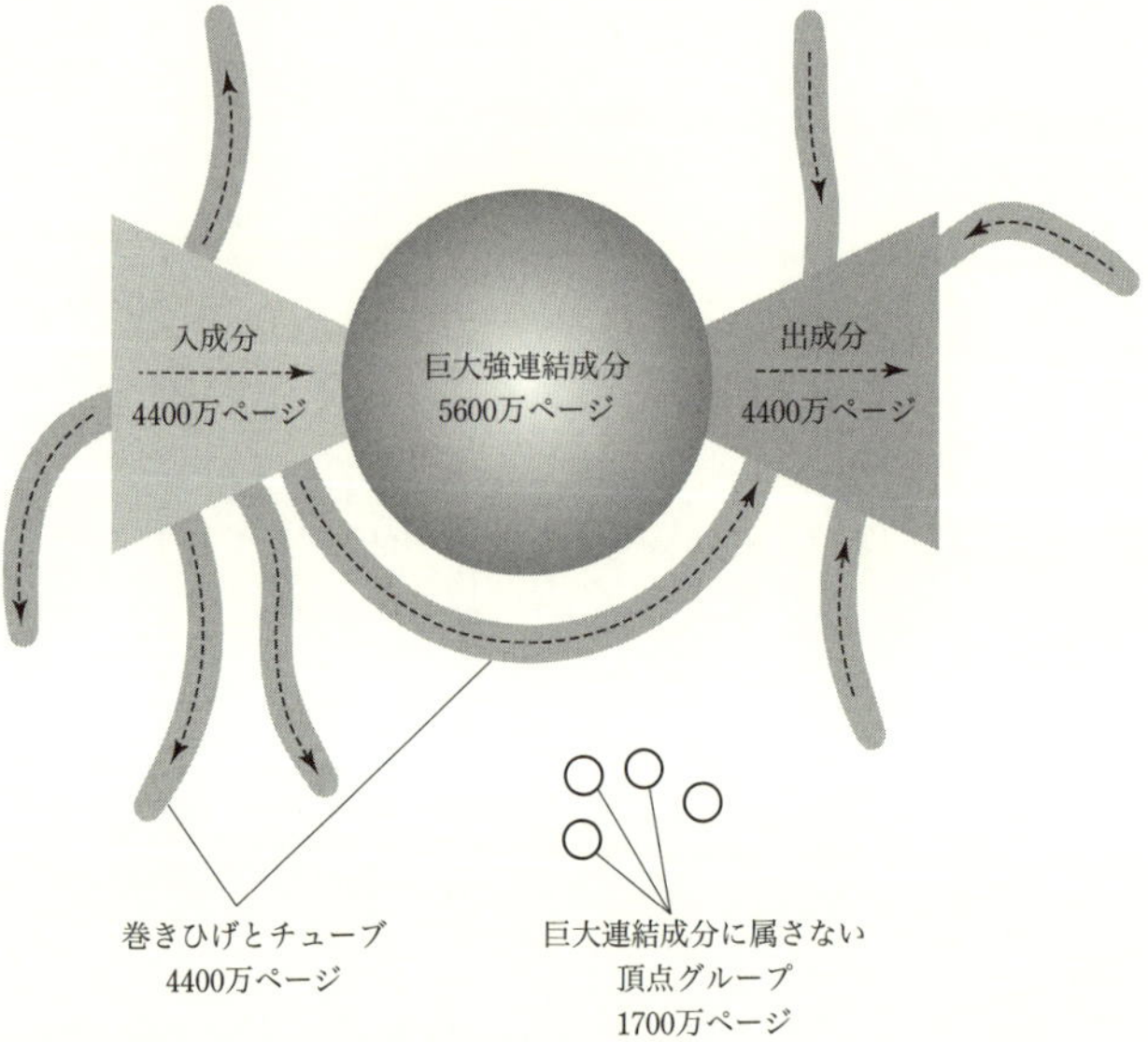

図6　WWWのような有向の枝でできたネットワークは、蝶ネクタイ型の構造をなす。蝶ネクタイは中心の巨大強連結成分、入成分、出成分、小さな構造（チューブ、巻きひげ、少数の分離した成分）からなる。図中の数値は1999年の推計に基づく。

点、すなわち**巨大強連結成分**の割合はほんの24パーセントとなった。残りは、**入成分**と**出成分**に分かれる。入成分は巨大強連結成分へ向かう経路をもつ頂点で構成される。出成分は巨大強連結成分から出る枝を受け取る頂点の集まりだ（ネットワークの完全な全体像は、これら以外にチューブと巻きひげとよばれる小さな構造も含む）。この特徴的な構造により、WWWの巨大連結成分は蝶ネクタイのような独特の形をしている。この複雑な構造はWWWに特有のものではなく、すべての有向ネットワークの連結成分に存在する。

巨大連結成分の存在は、蝶ネクタイ型であろうがなかろうが、注目すべき特性だ。たとえば、ＷＷＷの巨大強連結成分は、ＷＷＷ全体の頂点数からみれば3分の１以下の大きさでしかないが、それでも１９９９年当時で５６００万ページを含んでいた。もしネットワークがとても**密**ならば、言い換えれば、頂点がほぼすべての他の頂点とつながるのに十分なほど多くの枝をもっているならば、巨大連結成分が存在する理由は明らかだろう。しかし、通常はこの仮定は成り立たない。実際には、ほとんどのネットワークは**疎**だ。つまり、枝がとても節約されている。

航空網を例にとろう。頻繁に旅行するすべての人が経験していることと思うが、目的地に直行便で行けるとは限らず、通常は途中の空港で乗り継ぐ必要がある。世界中で数千もの空港が稼動しているが、それぞれの空港は平均して20以下の他の空港としか直接にはつながっていない。

同様のことはほとんどのネットワークで見られる。ネットワークの疎密の度合いを測るには頂点のもつ枝の平均本数、言い換えれば**平均次数**を用いる。ＷＷＷでは日々多くのウェブページがつくられるが、１つのページが出すハイパーリンクの平均はおよそ10本だ。インターネットは数十万台のルーターがつながってできているが、ルーター１台は平均して他の３台とだけしか直接にはつながっていない。最後に、5万人以上の物理学者を調べた結果として、論文共著者の平均人数はおよそ9人だ。なかにはたくさんの枝をもつ頂点もあるかもしれないが（実際に存在する）、ほとんどの現実のネットワークは一般的には密でなく、**疎**であるといえる。

このネットワークが疎であるにもかかわらずとても連結であるという不可解な矛盾は、第2章に登場した2人のハンガリー人数学者、ポール・エルデシュとアルフレッド・レニイの関心をかねてから引きつけていた。彼らは、ランダム・グラフのさまざまな具体例をつくることによって、この問題に挑んだ。それぞれの具体例で、彼らは枝の密度を変えた。まずは非常に密度の低い、1頂点あたり枝が1本より少ない場合から始めた。密度が上がるに従って、だんだんと多くの頂点が連結となると予想するのは自然なことだ。しかし、エルデシュとレニイが発見したのは予想とは違って、連結成分の突如とした転移だった。枝の密度がある値を超えると、いくつかの分裂した連結成分が突然1つの連結成分に合体し、ほとんどすべての頂点を含む巨大連結成分になったのだ。この突然の変化は、枝の密度がある臨界的な値に達したときに起こった。頂点あたりの枝の平均本数（すなわち平均次数）が1を超えたとき、巨大連結成分が突然に現れたのだ。

この結果が意味することは、ネットワークは無秩序に張られた枝が存在することによってとても効率よくつながるということだ。つまり、頂点の間にでたらめにばらまかれていてもよいの

で少数の枝さえあれば、ほとんどすべての頂点を取り込むほど大きな構造を生み出すのに十分なのである。

とても近くに

1994年初めのひどい吹雪の日、オルブライト・カレッジの学生であるクレイグ・ファス、ブライアン・タートル、マイク・ギネリは、テレビを見ていた。彼ら自身が後に振り返って語ったところによると、その時テレビで次の出演映画が宣伝されていたケヴィン・ベーコンが、多くのさまざまな映画に出演していることに彼らは気づいたのだという。そこで、それらの映画でベーコンと共演した俳優の人数がどれほど多いかを彼らは推測し始めた。

ベーコンがエンターテイメント界の中心であるというアイデアはよく知られるようになり、ついにはそれを基に「**ケヴィン・ベーコンのお告げ**」というウェブサイトまでつくられた[1]。この検索エンジンは、調べたい俳優とベーコンとの関係を教えてくれる。驚くべきことに、古い商業映画に出ていたスペイン人俳優の名前、たとえばパコ・マルティネス・ソリアと入力すると、この検索エンジンは2人の間のとても近い関係を見つける。マルティネスは、『ヴェラネオ・エン・エスパーニャ』という映画でルイス・インドゥニと共演した。インドゥニは、『イル・ビアンコ、イル・ジアロ・エ・イル・ネロ』という映画でイーライ・ウォラックと共演した。そしてウォラックは、『ミスティック・リバー』という映画でケヴィン・ベーコンと共演した。思いつく限りほとんどすべての俳優について、このように短い共演関係の連なりがベーコンとの間に見つかる。

共演関係ネットワークにひそむこの驚くべき特徴は、科学者たちが行うあるゲームを思い起こさせる。ランダム・グラフの達人ポール・エルデシュは、20世紀を代表する数学者の一人だ。科学者たちは名誉の証として、自分とエルデシュとの共同研究関係をとある指標で測る。彼と一緒に論文を執筆した科学者（論文共著者）は、エルデシュ数1をもつとする。エルデシュの共著者の共著者は、エルデシュ数2だ。エルデシュの共著者の共著者の共著者は、エルデシュ数3だ。エルデシュ数4以上も同様に続く。

しかし、小さなエルデシュ数だけが真の誇りの源だ。500人余りの科学者が、エルデシュの直接の共著者で、エルデシュ数1をもつ。エルデシュ数1の人たち（共著者関係の中心）との共著論文がある科学者は2、3千人いて、彼らのエルデシュ数は2だ。最後に、エルデシュ数3をもつ科学者は数万人いるので（著者であるカルダレリはその一人だ。もう一人の著者カタンツァロはエルデシュ数4である）、エルデシュ数3は必ずしも特別の価値があるというわけではない。どの研究分野でも、エルデシュ数が13より大きい科学者はほとんどいない。

世の人々の予想には反するかもしれないが、これらの興味深い結果は、ケヴィン・ベーコンやポール・エルデシュを中心とする場合に限ったことではない。ベーコンやエルデシュは、エンターテイメント界や数学界の唯一の中心ではない。どの他の俳優や科学者を始点として同じ計算を繰り返しても、一見遠く離れた人どうしが非常に短い経路でつながるという同様の結果が得られる。

この事実は、パーティーでよく起こる体験についての興味深い洞察を与える。パーティーで初対面の人と話していると、その人が配偶者の学友だったり、兄弟のテニスのパートナーだったり、あるいは友人の近所に住む人だったりということがふいに判明する。このような発見はたいてい「世間は狭いですね！」といった言葉で驚きをもって迎えられるが、実際はそう珍しいことではないかもしれない。社会関係ネットワークは、とてもしっかりとつながっているようだ。たくさんの知らない人どうしの中にも、とても短い経路でつながった2人を見出すのはあり得ないことではない。

6次の隔たり

1967年、アメリカの心理学者スタンレー・ミルグラムが、人々の記憶に残る実験を行った。ジェフリー・トラヴァースと共同して、彼はランダムに選ばれたアメリカ中西部（カンザス州とネブラスカ州）に住む数十人の市民へ手紙を送った。手紙の中で、彼はその手紙をマサチューセッツ州に住むある人物（ケンブリッジに住む神学生の妻か、ボストンに住む株式仲買人かのどちらか）へ手紙を転送するようお願いした。ただし目標の人物の住所は教えなかった。もし目標の人物を知らない場合には、何らかの理由で目標の人物と「近しい」であろうと思われる知り合いへ手紙を転送するように勧めた。また、ミルグラムが手紙の送られる経路をたどれるように、手紙を転送するときはもう1通の手紙をミルグラム自身に送らなければならない、とした。

アメリカのような数億人が暮らす国で、口づてだけを使って誰かを見つけることは基本的には不可能に思える。しかし、数日後、目標の人物は最初の手紙を受け取り始めた。それらの手紙は、最初に手紙を渡された人々との間にたった1人だけを介して転送されてきた。数週間後、実験の終了が宣言された頃には、最初に用意した手紙のうちのおよそ3分の1が目標の人物に届いていた。途中で10回より多く転送されたものは1通もなく、転送の回数は平均して6回だった。

ミルグラムの実験より前の1950年代に、数学者のマンフレッド・コヘンと政治学者のイシエル・デ・ソラ・プールは、人々は予想よりもずっと互いに「近い」のではないかと推測した。彼らはこう問いを立てた。人々の中から2人をでたらめに選ぶとき、その2人が知り合いである可能性はどれくらいだろうか？　問題をより一般化すれば、その2人をつなぐのに必要な知人関係の連なりの長さはどれくらいだろうか？　最終的に１９７８年に公開された有名な論文において、彼らは、アメリカの人口ほどの人数からなる集団で、予想だにしないほど大きい割合の2人のペアがほんの数人を介してつながりうることを示唆する数学的モデルを提案した。言うなれば、ミルグラムの実験はコヘンとデ・ソラ・プールによる理論的発見の実証テストだったのだ。

ミルグラムの実験結果は、学術界を越えて社会に強い影響を与えた。ミルグラムの実験で見出された数字にちなんだ**6次の隔たり**という表現は、彼の実験結果を言い表す人気の言葉となった。１９９０年に、劇作家のジョン・グアーレは、この言葉をある喜劇のタイトルに用いた。その劇中では、あるカリスマ的な登場人物が、自分は俳優のシドニー・ポワティエの息子だといって人々の追及をかわす。グアーレは、劇中のセリフでミルグラムの実験結果を以下のように表現した。

「何かで読んだことがあるが、この地球上のすべての人は、ほんの6人の他人を隔ててつながっているそうだ。6次の隔たりというやつだ。俺たちと地球上の他のすべての人とがだ。アメリカ大統領もそう。ヴェネツィアのゴンドラの船頭もそう。試しに誰かの名前を挙げてみろ。(中略）有名人じゃなくてもいい。誰でもいいんだ。熱帯雨林に住む原住民でも。ティエラ・デル・フエゴの住民でも。エスキモーの1人だっていい。俺は地球上のすべての人々と、6人の列を通じてつながっているんだ。」

スモールワールド

アイラブユーは、史上最も流行したコンピュータウイルスの一つだ。2000年に出現したこのウイルスは、世界中の数千万台のコンピュータに感染し、主にそれを根絶するための費用として数兆円の損害を与えた。アイラブユーは、ラブレターのように見える添付ファイルを付けて偽装されたメールで送られた。その添付ファイルを開くとコンピュータはウイルスに感染し、コンピュータに保存されたアドレス帳に含まれるメールアドレス宛てにウイルスのコピーが転送された。このような自己複製をほんの数回繰り返しただけで、ウイルスは膨大な数のコンピュータに到達した。前の節で説明した社会ネットワークと同じように、ウイルスが拡散したコンピュータネットワークについてもこう言えるだろう、「世界は狭い！」と。数多くのコンピュータが、わずかな台数の別のコンピュータを経由して互いに到達できる。一見したところ遠く離れているように見えるコンピュータどうしが、実は少数の枝を介してつながっているのだ。

ミルグラムの実験における主結果である**スモールワールド性**は、現実には社会ネットワークだけでなくすべてのネットワークに見られる。[2] インターネットは数十万台のルーターからなるが、そのうちの1台から他のすべてのルーターへデータを運ぶのに、ほんの10回ほどの「ジャンプ」をすれば十分だ。ルーターどうしは数千キロも離れているかもしれないが、距離は問題ではない。問題はいくつの枝を経由するかであり、その数は常にとても小さいのだ。これが、情報が地球上をとてつもない速度で伝わる理由である。別の例はWWWだ。WWWは数十億のウェブページからなるが、どの2つのページの間をたどるのにも平均して20回ほどのマウスの「クリック」で十分だということを科学者たちは発見した。カエノラブディティス・エレガンスの脳では、どの2つの神経細胞も平均して「3次より小さい隔たり」でつながっている。国々の輸出入関係を表す世界貿易網では、枝2本よりも長い経路で隔てられた2か国のペアは存在しない。スモールワールド性の実例は他にもたくさんあるだろう。

スモールワールド性は、どの2頂点間の（ネットワーク上の最短経路でたどるのに必要な枝の本数によって測る）距離も非常に小さいという事実によって成り立つ[3]。ネットワークのある頂点に注目するとき（たとえば共著者ネットワークのポール・エルデシュとしよう）、その頂点に非常に近い頂点（直接の共著者）はあまりないし、遠く離れた頂点（非常に大きなエルデシュ数をもつ科学者）もあまりない。大部分の頂点は、平均的な、ただしとても短い距離に位置する。このことはほぼすべてのネットワークに当てはまる。ある頂点から出発するとき、ほとんどすべての頂点はそこからほんの数ステップの範囲に存在するのだ。そして、ある距離以内に存在する頂点の数は、距離に対して指数的に増大する。

スモールワールド現象がどういうものかを説明する別の方法は次の通りだ（これは科学者が詳しく説明するときによく用いる方法である）。スモールワールド性を示すネットワークに多くの頂点を追加したとしても、頂点間の平均距離はさほど大きくならないだろう。新しい頂点への経路が（ほんの少しだけ）長くなったと認識させるためには、ネットワークの大きさ（頂点の数）を数桁も大きくしなければならない[4]。

スモールワールド性は、ネットワークの関係する多くの現象においてきわめて重要だ。脳のネットワークで言えば、大脳新皮質における神経細胞のシナプス結合ネットワークがスモールワールドであることは、大脳新皮質が機能する上で必要不可欠かもしれない。たとえば、アルツハイマー病などの神経変性疾患は、脳のスモールワールド性がひどく損なわれていることのしるしだと主張する研究もある。性的関係ネットワークにおいてスモールワールド性が意味するのは、性感染症における感染リスクの高いグループという概念は慎重に解釈せねばならないということだ。なぜならば、実質的にすべての人が感染者と非常に短い距離でつながっているからだ。

伝染性のものを効率的に拡散するというスモールワールド・ネットワークの能力には、前向きな応用例もある。初期の**クチコミマーケティング**戦略の一例は、１９９６年に事業を開始した電子メールサービスである**ホットメール**（Hotmail）の世界的普及だ。ホットメールの無料メールアドレスを取得した人々は、自分たちの送るメールの文中に1つのリンクを挿入することに同意した。そのリンクを受信者が開くと、今度は受信者がホットメールの無料アドレスを取得することができた。ホットメールは通信会社として最速規模の利用者数拡大を見せ、数千万人の利用者をよび込んだ。この成長は、ある面では電子メール送受信ネットワークのスモールワールド性を巧みに利用したマーケティング戦略によるものだった。

近道となる枝

スモールワールド性は、複雑なネットワークにもともとそなわっているものだ。エルデシュとレニイによる完全にランダムなランダム・グラフ（17ページを参照）にさえ、この性質は見られる。対照的に、規則的な格子にはこの性質は現れない。

もしもインターネットの構造がチェス盤のような格子状だったとしたら、2台のルーター間を移動するのに必要な距離はおよそ1000ジャンプほどだろう。そうするとネットワーク通信はもっと速度が遅く、素早いウェブの閲覧や瞬時の電子メールのやりとりはできないだろう。もし科学の共同研究ネットワークが格子状だったとしたら、ポール・エルデシュの共著者の人数はほどほどに少ない数だったろう。エルデシュの共著者たちの共著者の全人数も、エルデシュの直接の共著者数よりは多いが、それでもほどほどな人数だったろう。つまり、ネットワーク上でエルデシュからある距離以内に存在する人数は、指数的ではなくもっとゆるやかに増えるだろう。

もし神経細胞ネットワークが格子状だったとしたら、(たとえば脳の物理的成長による)神経細胞の数の増加に対して、[5] 新皮質中の神経細胞の平均接続距離は著しく長くなるだろう。もしそうならば、人が成長するほど神経細胞間の経路が長くなって信号伝達に時間がかかるようになり、賢くなくなるという矛盾が生じることになる(若い読者はこれに同意するかもしれないが)。

格子と現実のネットワークとでは何が異なるのか? 格子にはなくてウェブにはある、スモールワールド性の有無を決める要因は何か? 1998年、物理学者のダンカン・ワッツ[6]と数学者のスティーヴン・ストロガッツはこの疑問に答えることを試みた。彼らはまず、非常に単純で規則的な格子から考え始めた。規則格子が円環状の場合には、それぞれの頂点は両隣の頂点とそのまた隣の頂点とつながっている(図7の左図)。このネットワークは、互いに遠く離れた村の集団を表すとみなしてもよいだろう。それぞれの村は隣の村と物品をやりとりし、時々そのまた隣の村とも付き合いがある。このような規則的な構造では、生産地を出発して遠く離れた消費地まで、物品は長い距離を移動することになる。

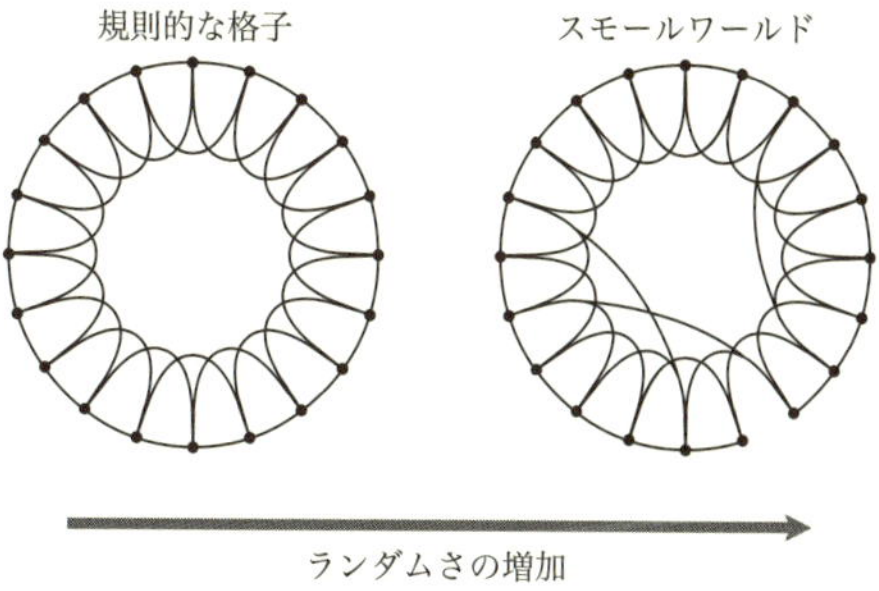

図7　スモールワールド・ネットワークモデルでは、ランダムな近道を導入することで規則的な格子を変化させる。それによって頂点の間の距離が減少し、スモールワールド性が生じる。

ここで、ワッツとストロガッツは、遠く離れた村の間に道を開通する操作を許すことにした。具体的には、彼らは初めの格子構造に存在する枝の片方の端を切り取って、その枝をランダムに選んだ別の頂点へつなぎ替えた。こうすると突然、村は隣ではなく以前は遠くはなれていた地域と物品を交換できるようになる。それでも、このつなぎ替えの影響を受けるのは全体から見ればほんの少数の村だけで、円環上のいくつかの地域はまだ互いに遠いままだ。このことはつなぎ替えをした後の頂点間の平均距離を計算すればわかる。新たな近道によって平均距離が小さくなるが、その変化はほんの少しだけである。

ここで、ワッツとストロガッツは、もっと多くの「道」を許すことにした（図7の右図）。枝を1本ずつつなぎ替えるたびに、彼らはネットワークの平均距離を計算した。驚くべきことに、ほんのわずかな本数の枝をつなぎ替えるだけで、平均距離が劇的に減ることを彼らは発見した。ネットワーク上のすべての構成要素どうしをぐっと近くするには、少数の近道があれば十分なのだ。つながりの構造をスモールワールドに変換する上で鍵となる要素は、わずかな無秩序さが存在することだ。現実のネットワークは、どれも構成要素の規則的な配列ではない。それとは反対に、「整列されていない」つながりが常に存在する。ネットワークがスモールワールド性を示すのは、まさにこの不規則なつながりのおかげなのだ。

このような近道は、いくつかのネットワークにおいては簡単に見つけることができる。たとえば、1858年に大西洋を横断する海底ケーブルによってヨーロッパとアメリカが初めて結ばれた。この長さ数千キロメートル、重量数百トンの驚異の構造物は、ジュール・ヴェルヌの『海底2万マイル』という小説の中で、主人公たちが潜水艦から目にする海洋の大偉業として描写された。現在では、大洋を横断する複数の通信ケーブルが、世界中の瞬時の情報拡散を可能にしている。言葉のネットワークの例でいえば、言葉の多義性が近道の主な要因の一つだ。たとえば、「pupil」という単語は、（「生徒」という意味で）教育と（「瞳」という意味で）視覚という2つの意味的領域をつなぐ。社会ネットワークの例でいえば、グラノベッターの提唱した**弱い紐帯**（直接は関係のない集団どうしを結ぶ枝）は、少なくともある面ではワッツとストロガッツの考えた近道に当てはまると言えるだろう。

近道の枝は、他の多くのネットワークにおけるスモールワールド性も説明する。しかし、スモールワールド性の原因について別の説明を考えられる場合もある。たとえば、世界貿易網の驚くほど小さな平均距離は、このネットワークが数少ない密な（疎でない）ネットワークの実例であるという事実によるものだ。1か国あたりの貿易相手国の数は、ネットワークに含まれる国の数とほぼ同じであり、それぞれの国が他の大多数の国と直接の貿易関係をもつということを意味する。

食物網の例でも、別の仕組みによってネットワークのスモールワールド性を説明できる。基礎種（他の種を食べない植物などの種）は太陽やまわりの環境からエネルギーと物質を得るが、基礎種を食べる種は、基礎種がもつ資源のうち平均して10パーセントしか摂取できない。この低い摂取率は、食物連鎖に含まれる捕食-被食関係のすべての段階であてはまる。よって、もし食物網がスモールワールドではなくてその中に長すぎる食物連鎖が存在すると、その終端に位置する捕食者は生存に必要なだけの資源を摂取できないということになるのだ。

スモールワールド性は、その生じる理由が何であろうと、調べる対象がネットワーク構造をもつ場合には考慮すべき非常に重要な性質だ。ネットワークの考え方によって、それらの対象の性質について核心をとらえる見通しが得られる。第一に、ネットワークを構成するそれぞれの要素は一つにつながった大きな世界の一部であり、ほとんどすべての頂点どうしを結ぶ経路が存在するということだ。第二に、そのような経路はきわめて短いということだ。この2つの性質が織りなすスモールワールドという構造は、エイズの蔓延から停電や情報拡散にいたるまで、さまざまな現象を理解する上で本質的である。


（訳注1）ウェブサイト名は「The Oracle of Bacon」である（http://oracleofbacon.org/）。

（訳注2）スモールワールド性が現実のさまざまなネットワークに見られることは事実だが、スモールワールド性を示さない例もある。

（訳注3）スモールワールド性の定義は、ネットワークの2頂点間の距離がとても小さいことに加えて、ネットワークの中に三角形型のつながりが多いことも要件とする場合もある。後者も現実のネットワークに広く見られる特徴である。

（訳注4）ネットワークに頂点を追加しても平均距離が大きくならないということの意味を補足する。第2章で紹介したランダム・グラフでは、すべての頂点のペアに対してある確率で枝を結ぶかどうかランダムに決めてネットワークをつくるのだった。まず、100個の頂点を用意してランダム・グラフをつくり、頂点間の平均距離を測ることを考える。次に、200個の頂点を用意して同様にランダム・グラフをつくり、頂点間の距離を測る。このとき、頂点が増えたことによって100頂点の場合より200頂点の場合のほうが平均距離は大きくなると予想されるが、どのように増大するのだろうか？　スモールワールド性をもつネットワークでは、この頂点数に対する平均距離の増え方が非常にゆるやかである（数学的に言えば、頂点数の対数に比例する）。

（訳注5）成人のヒトの神経細胞は新たに増えることはないというのが、神経科学における定説だ（増えることもあるというごく近年の実験結果も存在する）。著者は、スモールワールド・ネットワークと規則的な格子との違いを

強調するために、やや誇張したたとえ話を用いたのだと考えられる。

（訳注6）ダンカン・ワッツは、スティーヴン・ストロガッツの指導の下で博士号を取り、その後コロンビア大学の社会学科で教授職を務めた。この経緯から、物理学者というよりは応用数学研究者ないしは社会学者とみなされることも多い。

第5章 スーパーコネクター

ハブ

ミルグラムによる「6次の隔たり」実験は、人々の心に残るものだった。しかし、彼の見出した観測結果が完全に理解されるようになるのは、ずっと後年のことだった。実験の中でミルグラムは、ランダムに選ばれたネブラスカ州の住民にマサチューセッツ州に住むある株式仲買人へと手紙を転送するよう頼んだ。直接その目標人物を知らない場合には、彼により近しいと期待される誰かへ手紙を転送せねばならなかった。

手紙の大部分が平均してわずか6回の転送で目標の人物へ届いたという事実のほかに、その届いた手紙のうち4分の1が、ある同一の送り主を経由して目標の人物へ届けられたということにミルグラムは気づいた。その送り主は衣料店の店主で、目標である株式仲買人の友人であった。ミルグラムは彼を仮名でジェイコブズ氏とよんだ。この結果はとても不可解だ。株式仲買人へつながる多くの経路が共通してこのジェイコブズ氏を経由するということが、どのようにして起こったのだろうか？

頻繁に飛行機で旅行する人には、これととてもよく似た現象はおなじみのことだ。ヒースロー、フランクフルト、ニューヨークのジョン・F・ケネディなどの空港は、世界中を飛び回っている人たちにはとてもよく知られている。最終目的地がどこであれ、これらの空港で乗り継ぎを行うことが非常によくあるからだ。飛行機の機内誌にはよく世界地図が載っていて、その上では航空路線を表す長い線が交差している。それらの航空路線の多くは、ロンドンやフランクフルトやニューヨークなどの場所に最終的に止まるか、目的地へ行く途中に経由する。このような空港は**ハブ**とよばれ、旅客の大多数を目的地へ運ぶ。

社会ネットワークにおけるジェイコブズ氏の役割は、航空網における大空港の役割と同じだったのだと容易に想像がつく。おそらく、ジェイコブズ氏は社会的関係におけるハブだったのだ。つまり、ジェイコブズ氏は多くの友人を介してさまざまな人々とつながっていて、それゆえに多くの手紙が彼を経由したのは自然なことだったのだ。

ミルグラムが見出したもう一つの顕著な発見は、ジェイコブズ氏を経由した手紙以外の残りの手紙のうち、大部分が別のわずか2人から目標人物へ届けられたということだ。ミルグラムはこの2人をジョーンズ氏とブラウン氏とよんだ。航空網の比喩を使えば、彼ら2人は社会ネットワークにおける（マドリードやミラノのような）「平均規模の空港」である可能性がとても高い。ジェイコブズ氏、ジョーンズ氏、ブラウン氏以外から届いた残りの手紙は、社会ネットワークにおける（ジローナやオルビアのような）「より小規模な空港」を介して届いた。

このようなハブの存在は、株式仲買人の社会ネットワークや航空網に限ったことではない。他の多くのシステムをネットワークとして表すと、同様に非常に多くのつながりをもつ頂点、言い換えれば**スーパーコネクター**が存在する。そして、多くのネットワークにおいて、「勝者総取り」の傾向が見られる。すなわち、少数の頂点がネットワークの枝の大部分を引きつけ、それ以外の多くの頂点は残りの枝を分け合うことを余儀なくされる。

モーツァルトによるオペラの登場人物ドン・ジョバンニの交際関係（ダ・ポンテの台本によれば、ドン・ジョバンニは２０６５人の女性を魅了した。「イタリアには６４０人、ドイツには２３１人、フランスには１００人、トルコには91人の恋人がいるが、スペインではすでに１００３人にのぼる。」）は、近年の性的関係ネットワークについての研究成果と比べれば、特別に誇張された表現ではないという。現実の性的関係ネットワークにおいても、性的関係をもった相手の人数は、最も多い人では数千人に達することもある。いくつかのデータにおいて、そのような多くのつながりをもつ人々の一部は性産業に関わる人々であることがわかっている。当然ながら、そのような非常に多くのつながりをもつ人々は、性感染症に対する予防策が最も必要な人々である。

スーパーコネクターの別の実例は、9月11日にニューヨークで起きたテロリスト攻撃のすぐ後に見出された。経営コンサルタントのヴァルディス・クレブスは、テロリスト間の社会ネットワークの簡単な見取り図を描き、アメリカ同時多発テロ事件における首謀者の一人モハメド・アタが最も多くのつながりをもつ頂点、すなわちハブであることを発見した。別の実例として、論文共著関係ネットワークでは多くの共同研究者と一緒に研究する重要人物を見出すことができる。ポール・エルデシュはその一人だ。

スーパーコネクターは、社会ネットワークだけでなく、他の多くのネットワークにも存在する。インターネットを構成するルーターは、平均的にはほんの数本しかつながりをもたない。しかし、中には数千本のつながりをもつルーターもある。インターネットを構成する**ミート・ミー・ルーム**という巨大な施設は中がケーブルで埋め尽くされており、そこでは数百のインターネット接続事業者が互いのネットワークに接続しあうことができる。1か所のミート・ミー・ルームが機能停止すると、（1国規模の）地域一帯がインターネットに接続できない状態になるかもしれない。

ウェブの例でいえば、大手新聞社のウェブサイトは、他のウェブサイトやブログやSNSから多くのリンクを引きつける。食物網の例でいえば、食物連鎖の上位に位置する生物種は、他の多くの種を食べる。また、言葉のネットワークの例でいえば、ハブにあたるのは意味が曖味な言葉や多義語だ。たとえば「arms」は、英語では腕と武器の両方を指す。多義語が意味的関連や類語関係によって結びついている単語の数は、そうでない語に比べて多い。

ハブは、細胞内のネットワークにも存在する。遺伝子制御ネットワークでは、ある単一の遺伝子が残りの大部分の遺伝子の発現を制御することがある。**カウロバクター・クレセンタス** ***Caulobacter crescentus*** というバクテリアでは、CtrA 遺伝子という単一の因子が、活動周期の決まった遺伝子のうちの26パーセントを制御する。p53タンパク質は、タンパク質相互作用ネットワークにおけるスーパーコネクターだ。p53タンパク質をつくり出す遺伝子は、腫瘍を強力に抑える機能をもつ。この遺伝子は、さまざまな腫瘍化した細胞において変異して存在している。このことから、正常な細胞では、p53タンパク質が他の多くのタンパク質と相互作用することを通じて、さまざまな腫瘍の発生が抑えられていると考えられる。代謝ネットワークにおける最も明らかなハブの一つは、ATP（アデノシン三リン酸）だ。この分子は、多くの生化学反応において他の分子へエネルギーを運ぶ役割を果たす。

巨人、小人、そしてネットワーク

時に、ペリシテびとの陣から、ガテのゴリアテという名の、戦いをいどむ者が出てきた。身のたけは6キュビト半。（中略）身には、うろことじのよろいを着ていた。そのよろいは青銅で重さ5000シケル。（中略）手に持っているやりの柄は、機の巻棒のようであり、やりの穂の鉄は600シケルであった。（後略）（和訳出典：日本聖書協会『口語訳　旧約聖書』サムエル記17章4―7節）

聖書のサムエル記によれば、ゴリアテのような勇壮な人物にあえて立ち向かおうという者が現れるまで、古代イスラエルの人々は40日間待たねばならなかった。そこに勇敢で向こう見ずな少年ダビデが現れ、ついにはゴリアテをうち負かした。ゴリアテは、並大抵の戦士ではなかった。歴史学者の推定によれば、身長「6キュビト半」はおよそ3メートルに相当し、うろことじのよろいの重さ「青銅5000シケル」は60から90キログラムほどであった。

古代の単位から現代の単位への変換は厳密ではない。さらには、聖書の記述は忠実な描写というよりは象徴的なものである可能性が高い。しかし、ゴリアテの体格がまったくあり得ないものだとも言い切れない。**ギネスブック**によれば、いままで記録された中で最も背の高い人物、アメリカ人のロバート・ワドロウは身長2メートル75センチだった。体格に見合った特別なよろいとやりをもったゴリアテとは違って、現代の極端に背の高い人々は、たいてい彼らにとっては小さすぎる物に囲まれて暮らしている。椅子は座り心地が良くないし、天井はとても低い。そして、特別にあつらえた靴や服を身に付けなければならない。

彼らの悩み事の根本は、人々の体の大きさは**均一**であるということだ。映画館にやって来る人々の体格はそれぞれ異なるが、座席のサイズはどれも同じだ。座席を大きいと感じる人も小さいと感じる人もいるが、一般的にはほどよく快適だ。人々の体格は、全体の平均とそこまで大きく違わない。とても背の高い（あるいはとても背の低い）人々は例外的で、背が高ければ高いほど（あるいは低ければ低いほど）そのような人は珍しい。ほとんどすべての人には身長1メートル90センチ程度の知り合いがいるが、身長2メートルの人が知り合いにいるという人はほとんどおらず、身長2メートル50センチの人となるとほとんど誰も知らない。

身長以外の特徴で見ても、人々は均一だ。たとえば、IQテストの結果はほとんどの人が平均に近く、点数のばらつきは高いほうも低いほうも珍しい。人々の行動もまた、とても均一だ。たとえば、車の運転をする人は多かれ少なかれ無謀だが、ほとんどの人について高速道路での走行速度は全体の平均にとても近いことが確かめられる。

しかし、均一性が常に原則であるとは限らない。たとえば、一人ひとりがもつ友人の数には極端なばらつきがある。ギネスブックによれば、ロバート・ワドロウは、史上最も背の低い人である身長55センチのチャンドラ・バハドゥール・ダンギの「たった」5倍の身長しかない。対照的に、最も社交的な人々（社会ネットワークのハブ）は、極端に引っ込み思案でごく少数の人としか交流しない人々と比べて、数十倍や数百倍ほど多くの友人がいる。SNSでの交友関係を現実の友人数の代用とすれば、SNSにおけるハブはあまりつながりをもたない人々と比べて数百倍ほど多くの友人をもつ。身長は均一である一方で、社会的なつながりの数は**不均一**であるということだ。

もし仮に、身長の散らばり具合が社会的なつながりの数の散らばり程度のようだったならば、ワドロウ程度の身長の人はどんな記録集にも載らないだろう。この架空の世界では、背の低い人に比べて数千倍の身長をもつ人がいるからだ。身長2キロメートル以上の「巨人」が通りを歩くことになる。さらに興味深いことに、ほとんどの人の背が低いこの世界において、そのような巨人たちは驚くほどの例外というわけではないのだ。この世界では、小人と巨人の間のすべての中間的な身長に当てはまる人たちがいる。当然ながら、身長が高ければ高いほど、そういう身長である人数は少ない。しかし、この架空の世界における身長の高い人の数は、現実の世界における身長の高い人の数ほどにはすぐに少なくならない。次のように言い換えることができるだろう。架空の世界でも、身長が高い人ほど珍しい。しかし、現実の世界での背が高い人ほどには珍しい存在ではない(1)。

この架空の世界では、椅子づくりの仕事は現実世界よりもずっと大変だろう。なぜなら、すべての人の体格に合う椅子をつくる方法はないからだ。現実の世界では、椅子をつくったり、ＩＱテストを分析したり、車での移動時間を予想したりといった場合には、身長やＩＱや走行速度の平均値を考える。しかし、社会的なつながりの数を理解するためには、平均という概念そのものが役に立たないかもしれない。体格やＩＱや走行速度、そしてその他の指標には、**特徴的スケール**がある。特徴的スケールとはすなわち平均値のことであり、ほとんどの場合において、平均値が実際の値の大まかな予測に使える。

対照的に、社会的なつながりの数にはこの特徴的スケールがない。面識のない近所の家の玄関をノックするとき、ドアを開けて出てくるのはある適当な範囲の身長の人だと予想するし、たいていの場合にこの予測は正確だろう。しかし、出てきた人の友人の数が多いか少ないか、また具体的に何人かを前もって予想するのはほとんど不可能だ。ある町に住む人々の知人数の平均値は、その町の社会ネットワークが密かどうかという問題についてなら一つの見当を与える。しかし、それぞれの人の知人数について適切な予測をする手がかりにはならない。この平均値が役に立たないという性質は、特徴的スケールをもたないという意味で、**スケールフリー性**または**スケール不変性**とよばれる。このスケールフリー性は、個々の値の**ばらつき**が平均値に対してあまりに大きく、正しい予測ができない、と言い換えることができるだろう。

裾野の厚い分布

一般的に、不均一なつながり方をもつネットワークには、明確なハブが存在する。ネットワークの頂点が少ない場合には、つながり方が均一か不均一かを判定するのは簡単だ（図8）。均一な場合にはすべての頂点がほとんど同じ数のつながりをもつ一方で、不均一な場合には少数のハブを簡単に見つけ出すことができるからだ。しかし、調べるべきネットワークが（インターネット、ウェブ、代謝ネットワークやその他の多くの例のように）とても大きい場合には、そう簡単にはいかない。そのような場合でも、幸いなことに、注目する量の分布が均一か不均一かを数学を用いて判定する方法がある。

身長のような均一な量の場合から始めよう。あるクラスの生徒たちの身長を調べるのに、次のようなやり方が考えられる。まず、最も身長の低い人からプラス5センチ以内の身長の生徒を1列に並ばせる。次に、その列の隣に最低身長プラス5センチから10センチにあてはまる生徒を1列に並ばせる。このあとも、1列ごとに身長の基準を5センチずつ高くして同じことを繰り返す（図9の左図）。最終的に、列の長さはつりがね曲線の形になるだろう。すなわち、各列に含まれる生徒の人数は、身長が高いほうへ行くほど長くなり、平均値の辺りで最も長く

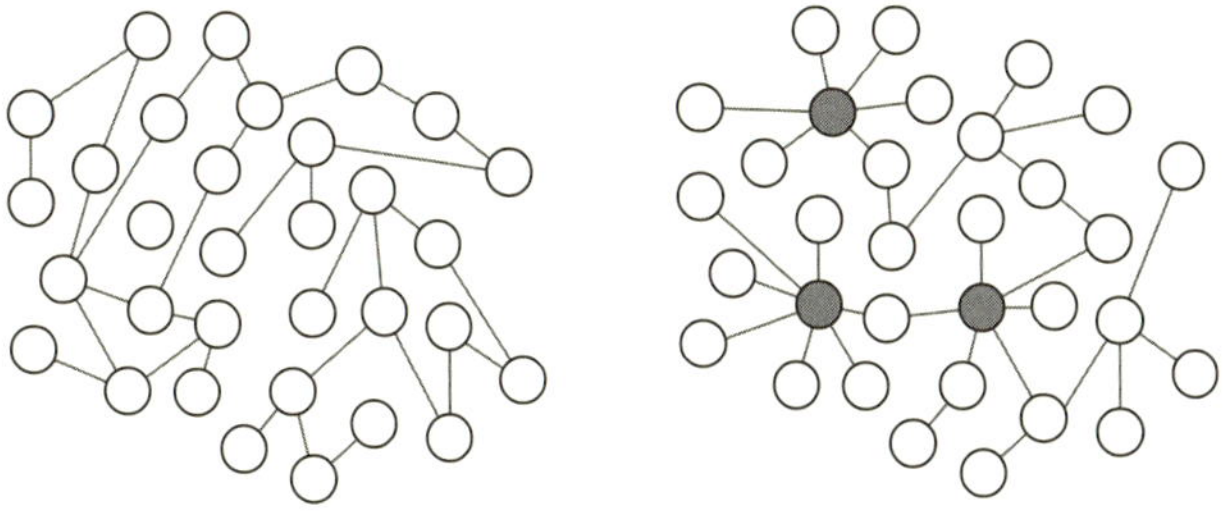

図8　（左図）均一なネットワークでは、すべての頂点がほとんど同じ次数（接続する枝の本数）をもつ。
（右図）不均一なネットワークでは、大きな次数をもつ頂点（ハブ）が存在する。

なってその後は減り始める。非常に背が高い人や非常に背が低い人はめったにおらず、大部分の生徒はその中間に位置する。このつりがね曲線が、生徒の身長の分布を与える。

今度は、同じ生徒たちの社会的なつながりの数について考えてみよう。この場合には、生徒を分ける列は、友人数が0から20人の生徒、20人から40人の生徒、40人から60人の生徒、というような分類に対応する。この分類から得られるのは、社会ネットワークにおける頂点ごとのつながり方の分布、すなわちネットワークの**次数分布**である。友人数の分布（図9の右図）は、身長の分布とはとても異なる。まず、数百人や数千人の友人をもつ生徒がいることもあるので、生徒を分ける列の数は身長の場合と比べてとても多いだろう。生徒の大部分は友人数が数十人ほどだろうが、分布は「厚い裾野」をもつ。(2) 言

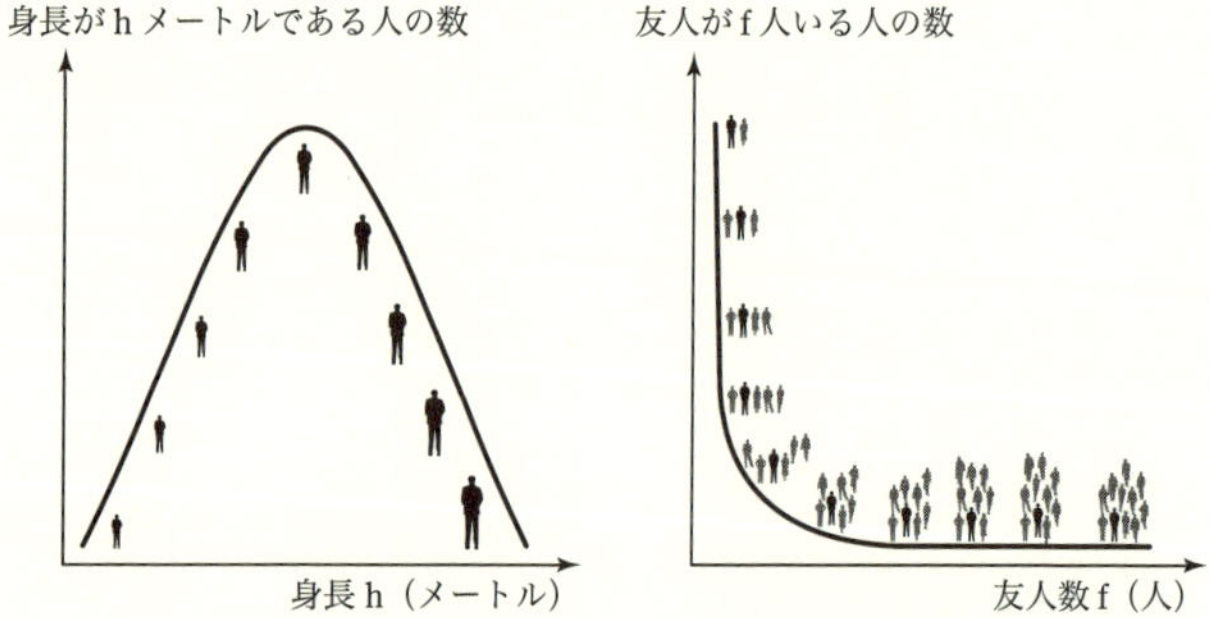

図９　（左図）身長は均一な量であり、つりがね型曲線に従って分布する。（右図）友人の数は不均一な量であり、べき乗則に従って分布する。

い換えれば、次数分布は、長いまたは重い裾野をもち、図の右側にとても偏っている。数学の言葉で言えば、次数分布の形は**べき乗則**とよばれる曲線でうまく記述される。

つながり方が均一なネットワークでは、次数分布は身長の場合に似たつりがね型曲線であるのに対して、不均一なネットワークでは、次数分布は友人数の場合に似たべき乗則である。べき乗則が示唆するのは、不均一なネットワークでは、均一なネットワークに比べてより多くのハブ（とハブにつながった頂点）が存在するということだ。さらに言えば、ハブは例外的な存在ではない。不均一なネットワークでは頂点の間に隙間のない階層関係があって、それぞれの頂点は、よりつながりの少ない頂点に比べればハブである。

身長と友人数との比較をもう一度考えてみよう。おそらく、世界には身長1メートル50センチの人が数百万人いる。しかし、その身長の値を2倍にすると（つまり身長3

メートル)、その身長の人はずっと少なく、0人である可能性が高い。一方で、世界中の数千万人の人々は、社会ネットワークにおいてたとえば20人の友人がいるだろう。その数を倍にすると(すなわち40人)、あてはまる人数は少なくなるだろうけども(たとえば友人20人の場合の4分の1というように)、それでも数百万人はいるだろう。あてはまる人数を調べる基準とする友人数は何回も倍々にすることができて、あてはまる人数はその度ごとにおよそ4分の1になるだろう(正確な減り方の割合はべき乗則の傾き[3]によって決まる)。

不均一なネットワークのもつこの性質によって、たとえばミルグラムの実験におけるジョーンズ氏とブラウン氏の役割を説明することができる。目標である株式仲買人の社会ネットワークにおいて、ジェイコブズ氏は最大のハブだった。一方で、ジョーンズ氏とブラウン氏は比較的小さなハブであったが、それでも他の人に比べれば多くのつながりをもっていたのだ。

次数分布に注目することは、あるネットワークのつながり方が不均一か均一かを確かめるのに最もよい方法だ。次数分布が裾野の厚い分布であれば、そのネットワークにはハブが存在してつながり方は不均一だろう。数学的に厳密な意味でのべき乗則は、現実の世界では絶対に見つからない。なぜなら、もし見つかったとすれば、そのネットワークに無限に多い枝をもつハブが存在することを意味するからだ。そのようなハブが存在するためには枝を結ぶ相手が無限に大きな個数だけ必要だが、現実世界には頂点数が無限大のネットワークは存在しない。したがって、現実のネットワークにおいては、次数分布の厚い裾野は、ある次数の最大値までで必ず打ち切りになる。

実際のところ、ハブの次数の大きさは、つながりを集めるために発生するさまざまなコストによって制限されるだろう。たとえば神経細胞は大きさに限りがあるので、好きなだけつながりを集めるということはできない。専門的職業における協業のネットワークでは、時間がハブのサイズを決める重要な要素である。個人のキャリア（あるいは人生）はある時点で終わりを迎えるので、協業のつながりを無制限に増やすことはできないからだ。これらを含めたすべての要因が、次数分布の形に反映される。その結果として現れる分布の形がたとえ数学的に完全なべき乗則ではないとしても、非常に偏った厚い裾野をもつ次数分布が現れるならば、それはネットワークのつながり方の不均一性を示す明らかなしるしだ。

ハブと裾野の厚い分布の意味を解釈するときには、慎重に考えなければいけない。たとえば、人類学者の中には、**ダンバー数**とよばれる値によって社会的関係の数が制限されると信じる人もいる。ダンバー数の仮説によると、安定した社会的なつながりの数は１５０人を大きく上回ることはできない。人類学者のロビン・ダンバーは、ヒトを含む霊長類について、大脳皮質のある部分の大きさがそれらの種に見られる社会的集団の人数と関係しているかもしれないという証拠を発見した。そして、１９９２年にダンバー数の仮説を提唱した。この仮説が正しいとしたら、現実の多くの社会ネットワークにおいて見られる、数千人のつながりをもつハブの存在はどう説明されるのだろうか？

科学者の中には、そのようなハブは**ピザ配達員問題**の実例だと考えている人もいる。ピザの配達員は携帯電話で多くの電話を受けるが、実際の友人からかかってくる電話はそのうちのごくわずかである。残りの大部分の電話は、ピザを注文する客からの電話だ。このピザ配達員問題の考え方に従うと、ハブがもつ枝の大部分は、社会ネットワークにおける偽物のつながりなのかもしれない。しかし、つながりをどう評価するかという判断は、調べたい問題によって変わる。たとえば、ピザ配達員がインフルエンザに感染したとすれば、感染症の研究者は彼と接触したことのある人数（友人もそうでない人も含めて）が何人かということだけに関心を置く。

社会ネットワークなどに不均一なつながり方が見られる一方で、必ずしもすべてのネットワークが不均一であるというわけではない。スモールワールド性が複雑なネットワークに固有の性質である一方で、ハブはすべてのネットワークに存在するというわけではないのだ。たとえば、たいていの電力網ではハブはほとんど存在しない。同じことは、ある種の食物網、カエノラブディティス・エレガンスの神経細胞ネットワーク、世界貿易網についても当てはまる。

最後に、ある種の有向ネットワーク、たとえばほとんどの遺伝子制御ネットワークについて、ある興味深い事実が知られている。遺伝子Aが遺伝子Bを制御する場合、AからBへ有向の枝が結ばれるが、BからAへも有向の枝が結ばれるとは限らない。**出次数分布**（ある頂点から出る有向枝の本数の分布）は、たいてい裾野の厚い分布だ。つまり、ある少数の遺伝子があって、それらが他の大部分の遺伝子を制御している。ところが、**入次数分布**（ある頂点へ入る有向枝の本数の分布）は、出次数分布に比べてずっと均一だ。つまり、ある1つの遺伝子を制御するのは、ほんの少数の他の遺伝子だ。確かにさまざまな分野の多くのネットワークは不均一な次数分布を示すが、未知のネットワークを調べるときは、実際に確認するまでは不均一性を当然成り立つものと思ってはならない。

自己組織化のしるし

つながりの不均一性と特徴的スケールの欠如は、ネットワークの構造が無秩序であることの確実な証拠かもしれない。このことは次のように理由づけられるだろう。多くのネットワークは（インターネットや社会ネットワークのように）、設計図や管理者なしに成長してきた。その結果として、ネットワークのすべての頂点は、自分自身の基準に従って完全に独立な、協調的でない振る舞いをみせる。頂点がとてもばらばらに振る舞うので、ネットワークが全体としてランダムな形成過程に従うとみなすことができる。そう考えると、ランダム・グラフが現実のネットワークのよいモデルと言えそうだ。

この説明はうまく当てはまりそうにも思えるが、より深く調べてみるといくつかの問題が浮かび上がる。最も重要な問題は、ランダム・グラフはまったく不均一ではないということだ。ランダム・グラフの次数分布はつりがね型で、すべての頂点がほとんど同じ次数をもつ。2つの頂点を選んでランダムに結ぶというランダム・グラフの生成手順に従うと、最終的にはすべての頂点がほとんど同じ次数をもつことになる。より正確に言うと、ランダム・グラフの次数分布は、平均次数のまわりに小さなばらつきが加わった形であり、特徴的スケールをもつ。多くの現実のネットワークとは異なり、ランダム・グラフにはハブが存在しないのだ。

ランダム・グラフにはないハブが不均一なネットワークには存在するという事実から導かれる結論は、ランダム・グラフがスモールワールドである一方で、不均一なネットワークは**ウルトラ・スモールワールド**であるということだ。つまり、不均一なネットワークにおける頂点間の距離は、同じ頂点数と枝数のランダム・グラフに比べて小さい。ランダム・グラフにいくつかのハブを付け加えると（ネットワークはより不均一になり）、頂点間の距離は小さくなる。反対に、不均一なネットワークをランダムにすると（つまり、頂点数と枝数は同じで、枝の置き方がランダムなネットワークをつくると）、ハブは存在しなくなり、頂点間の平均距離は大きくなる。この結果が示すのは、不均一なネットワークでは連結性の大部分をハブが担っているということだ。頂点間のつながりの多くは、少数のスーパーコネクターによって生じるのだ。

さらに重要なことに、ランダム・グラフが均一なネットワークであるという事実が意味するのは、不均一性と無秩序性を同一視するのは誤りだということだ。ランダム・グラフによって表されるネットワークの無秩序な生成手順は、多くの現実のネットワークに見られる不均一なつながり方を生み出さない。それどころか、不均一性は、それとはまったく相反する手順から、つまり、ある種の規則的で秩序だった頂点の振る舞いから生じるのかもしれない。

ネットワークの不均一性が頂点の秩序だった振る舞いから生じるという予想は、かなり不思議だ。なぜなら、多くのネットワークは設計図に従ってつくれば得られるわけではないし、きっちりとしたトップダウンの指示のもとで発展するわけでもないからだ。電力網や道路のネットワークのように、政治的あるいは技術的な専門家によって管理されるネットワークもわずかには存在するが、大半のネットワークは誰の指図も受けていない。たとえば、インターネットは、狭い部分ごとの範囲ではネットワーク管理者によって管理されていて、加えて技術的、経済的、地理的な条件による制約がある。しかし、インターネットの全体的な構造は、ほとんど無計画にできあがったものだ。インターネットは、まさに誰も全体像を知らない地球規模の実験のようなものであり、その全体の構造は無数の人々が独自に行動した結果としてできたものである。

管理なしに変化するネットワークの例として、生物学的ネットワークはさらにわかりやすい。このネットワークには設計者は存在しない。構造が変化する要因としては、進化の過程で突然変異によってかき回される影響があるだけだ。社会ネットワークについて言えば、政治、財産、宗教、言語、文化が個人間の関係に影響を与えるが、個人にある程度の自由度があれば、社会ネットワークは厳密な計画には従わずに形成される。これらすべての場合において、ネットワーク全体としての秩序は、頂点の集団的な振る舞い、言い換えれば**自己組織化**のボトムアップな過程から生じるのである。多くのネットワークは、全体の設計図がないにも関わらず不均一性のような秩序だった驚くべき特徴を見せる。自己組織化の過程を用いることで、その理由を説明できるかもしれない。

分布の不均一性は、ネットワークに特有のものではない。たとえば、地震の強さは裾野の厚い分布に従う。つまり、地震の強さに対してその頻度をグラフにすると、きれいなべき乗則が現れる。「平均的な地震」というものは存在せず、感じられないほどの振動から大規模な災害まで、幅広い多様性がある。別の例は、都市の大きさだ。都市には、中国の最大級の巨大都市からイタリアのトスカーナ地方郊外の小さな街まで、人口の大きさについて幅がある。さらに、もう一つの例は、個人の所得分布だ。20世紀の初頭に、経済学者のヴィルフレド・パレートは、イタリアの領土のうち80パーセントが人口の20パーセントの人々によって所有されていることを明らかにした。このような分布の偏りは、さまざまな度合いで経済のすべての局面に存在する。

これらの不均一性の例と不均一なネットワークには、共通する重要な性質がある。それは、いずれも複雑でほぼ無計画な過程の結果だということだ。不均一性は、無秩序性と同じものではない。それどころか、不均一性は隠された秩序の証拠かもしれない。秩序は、トップダウンの計画によって課されたわけではなく、各々の構成要素の振る舞いによって生み出されるものだ。さまざまな分野のネットワークにおいて不均一性が見られるということは、それらのネットワークの多くが形づくられる際に共通の仕組みが働いている可能性を示唆する。ネットワークの自己組織的な秩序が現れる理由を理解することは、ネットワーク科学の重要な挑戦の一つである。

（訳注1）身長が平均の1・1倍である人の数と2倍である人の数を、現実世界と架空世界とで比べてみよう。どちらの世界でも1・1倍である人数より2倍である人数のほうが少ないことは同じだ。ただし、どれほど少ないかは2つの世界で異なる。現実世界では、平均身長の2倍である人はまず存在しない。一方、架空世界では小さい

人と大きい人の身長に数百倍の差があるので、平均身長の2倍である人も少なからず存在すると考えられる。このように、平均の何倍も身長の高い人は、架空世界においては現実世界ほど珍しくはない。

（訳注2）分布の裾野とは、図9の右図に見られるように、分布がその中心部分から離れて広がっている部分のことを指す。山の裾野という場合と同じ意味合いだ。

（訳注3）数学的には、べき指数という値によって特徴づけられる。べき指数は負の値をとり、その値が0に近いほどべき乗則分布の裾野は厚い。

第6章
ネットワークの創発

絶え間ない変化

１９９０年代までは、インターネットはほとんど未知の世界だった。すでにコミュニケーションや商取引や運送のための重要なインフラ網ではあったが、ネットワークの全体像については誰も明確には知らなかった。ネットワーク管理者は個別のネットワークを管理してはいたが、インターネットの全体的な構造については何の手がかりももたなかった。さらには、インターネットの拡大は爆発的だった。インターネットを構成するコンピュータの台数は、１９７０年代の初めには数十台だったのが１９９０年代には数千万台へ増加し、さらに大きな成長が期待された。

１９９０年代の終わりまでに、コンピュータ企業のコンパック（Compaq）やインターネットデータ分析協会（CAIDA）などの組織が、インターネットを探索して全体像を描くことを目的とする一連の**マッピング・プロジェクト**を立ち上げた。コンパックによる計画は**メルカトル**と名付けられた。この名前は、16世紀に史上最も重要な世界地図の一つを描いた同名の地理学者にちなんだものだった。メルカトルの地図には、当時発見されたばかりのアメリカ大陸も含まれていた。インターネットが16世紀当時のアメリカ大陸と同じように探検すべき「新世界」だと認められ、プロジェクトに彼の名前が付けられたのだ。これらのマッピング・プロジェクトや他の調査計画のおかげで、インターネットのネットワーク地図が手に入るようになった。いまもなおインターネットの発展が継続的に観測されている。

インターネットの変化は止まったことがない。いままさにこの瞬間にも、ルーターやコンピュータやケーブルや衛星回線が常に加えられたり除かれたりして、正味で見ると絶え間なく成長している。インターネットには全体的な計画など何もないが、その成長は完全にランダムな過程というわけでもない。それどころか、インターネットは高度に秩序だった効率的な構造をしている。このような秩序が創発する原因は、個々の構成要素の振る舞いが見せる一種の規則性にあるに違いない。きっと、頂点が従うある種の微視的な仕組みがあって、それが頂点間のつながりを通じて繰り返され、巨視的な組織だったネットワーク構造を生み出しているのだろう。ネットワークを生み出す過程にひそむ一般的な原理を解き明かすことは、ネットワークの自己組織化を理解する上で必要不可欠だ。

まったく変化がないように見えるネットワークも、実はある種のダイナミクスに従って変化している。細胞における遺伝子やタンパク質や代謝産物のネットワーク、脳における神経細胞のネットワーク、生態系における生物種のネットワーク。これらのネットワークは時間的に固定されているように思える。遺伝子の調節、代謝経路、神経細胞の結合、捕食-被食関係。これらの関係は比較的安定している。しかし、細胞内のネットワークは、生物の発達過程で爆発的に成長し、老化や外的環境に対応することによって常に変化し続けている。脳の可塑性[1]は人生を通じて低下していくのかもしれないが、完全に失われるということは決してない。食物網は、生物種の絶滅や新種の侵入が起こると根本的につくり変えられる。さらには、すべての生物学的ネットワークは、進化の作用によって長期的に変化する。

電力網や言葉のネットワークのように一見変化がないようにみえる他のネットワークでも、同じようなことが起こっている。電力網は、つくられたあとも事故や技術革新の結果として徐々に構造が修正される。言葉のネットワークは、話者が変わっていったり新しい言葉や意味的関係が導入されて言語全体が変わったりすることに従って、構造が変化する。

頂点の集合はほとんど変わらない一方で、主な変化が枝に集中して起こるネットワークの例もある。たとえば、銀行間のネットワークにおいて、銀行は日々異なる方法で融資を行う。時として、ネットワークの頂点集合も変化することはある。たとえば、銀行が破産する場合や新たな銀行が市場に参入する場合である。しかし、この頂点についての変化は、取引の変化（すなわち枝の再編成）に比べてとても長い時間的スケールで起こる。ある1日に注目すると、その間に起こるネットワークの変化は主に枝の変化である。

同じようなことは別のネットワークでも起こっている。株式の価格相関ネットワークでは、ある株式が市場で取り扱われなくなったり新たな株式が市場に加わったりすることに比べて、株式の価格相関のほうがとても頻繁に変化する。世界貿易網では、国の分裂や連邦化を通じて新しい国家が生まれるよりも、既存の国家間の経済的関係が変化するほうが一般的だ。また、航空網では、どの1年をとっても、数多くの航空路線が変化する一方で新たに開港する空港の数はごくわずかである。

その一方で、別のある種のネットワークではまったく正反対のことが起こっていて、常に新たな頂点が加わることが枝の再編成よりもずっと重要である。そういうネットワークの最も的確な例は、科学論文の引用関係ネットワークだ。日々新たな論文が発表されてネットワークに加わり、過去の論文を引用する。ひとたび論文が出版されると引用文献のリストは変えることができないので、発表済みの論文どうしを結ぶ枝は変化しない。

最後に、追加（と除去）による変化が頂点と枝の両方について同じような頻度で起こるネットワークもあり、この場合はネットワークの形成過程は非常に複雑なものとなる。たとえば、ウェブでは、新たなウェブページとハイパーリンクの両方が、作成と削除によって常に更新される。ウィキペディア（Wikipedia）のようなウェブサイトでは、新たな記事と記事間のリンクが日々つくり出されている。

以上のように、考えられるネットワークのダイナミクスの範囲はきわめて幅広い。ネットワークにおける自己組織化の原理を理解し、ネットワークの変化の過程にひそむ基本的な仕組みをとらえること。これを最終的な目標として、ネットワーク科学者たちは構造の特徴を表す指標、数学的モデル、コンピュータシミュレーションを考案して研究を行なってきた。

富めるものがさらに富む

１９６０年代の初めに、社会学者のハリエット・ズッカーマンはノーベル賞を受賞したことのある多数の科学者にインタビューを行った。彼女の目的は、ノーベル賞受賞者たちの研究方法がそれほどまでに優れていた点と、研究における成功の秘訣を理解することであった。

彼女は、受賞者たちの回答に繰り返し現れるある話題に気がついた。ある物理学賞受賞者は次のように言った。「人々にどう名誉を与えるかに関して、世界は奇妙なところがある。（すでに）著名な人々に名誉が与えられる傾向にあるのだ。」ある化学賞受賞者はこう付け加えた。

「世の人は論文の著者リストに私の名前を見つけると、それを覚えて他の著者の名前は覚えないことが多い。」そして、ある生理学・医学賞受賞者は次のように明確に述べた。「(科学論文を読むとき、)人はたいてい慣れ親しんだ名前に目を留める。たとえその名前が著者リストの最後にあっても、頭にこびり付くだろう。(中略)長い著者リストよりも、むしろその名前を覚える。」ある物理学賞の受賞者はこう結論づけた。「最もよく知られた人がさらなる名誉を得る、それも尋常でないほどの名誉を。」

このズッカーマンによる観察結果を受けて、もう一人の社会学者(そしてズッカーマンの後の夫である)ロバート・マートンは1968年にある見事な法則を定式化した。マートンは、科学は**マタイ効果**とよばれる社会的な作用の影響を受けるのだと提唱した。このマタイ効果という名前は、新約聖書のマタイによる福音書の一節にちなんでいる。

> おおよそ、持っている人は与えられて、いよいよ豊かになるが、持っていない人は、持っているものまでも取り上げられるであろう。(和訳出典:日本聖書協会『口語訳 新約聖書』マタイによる福音書25章29節)

マートンによれば、表彰、研究資金調達、知名度、名声などの配分においてこのマタイ効果が働いているという。これらの利点を多くもつ科学者は、たやすくさらに多くを得る。その一方で、これらの利点をもたない研究者は、新たに獲得することと得たものを維持することに悪戦苦闘する。

１９７６年、物理学者で科学史研究者のデレク・デ・ソーラ・プライスは、このマタイ効果の考え方を支持する定量的な証拠を発見した。プライスは、引用関係でつながった科学論文の大規模なデータを分析した。彼が発見したのは、発表後すぐにあまり引用されなかった論文はその後引用がさほど増えない一方で、ある時点まで多くの引用を受けた論文はその後もさらに引用を受ける傾向があるということだ。プライスは、たくさん引用される論文（引用ネットワークにおけるハブ）が現れることを、この単純な法則を用いて数学的に示した。より正確に言えば、論文ごとの被引用回数が特徴的な裾野の厚いべき乗則分布に従う理由を、彼はこの単純な法則から説明した。

プライスのモデルは、統計学者のジョージ・ウドニー・ユールと社会科学者のハーバート・A・サイモンによってすでにつくられていた数学的モデルの変形版であった。プライスのモデルは、論文引用ネットワークにおけるハブの出現、すなわち不均一性あるいはスケール不変性を説明できた。他のさまざまなネットワークについても似たような仕組みによってハブの出現が説明されることがわかったのは、１９９９年のことだった。これを発見したのは、物理学者

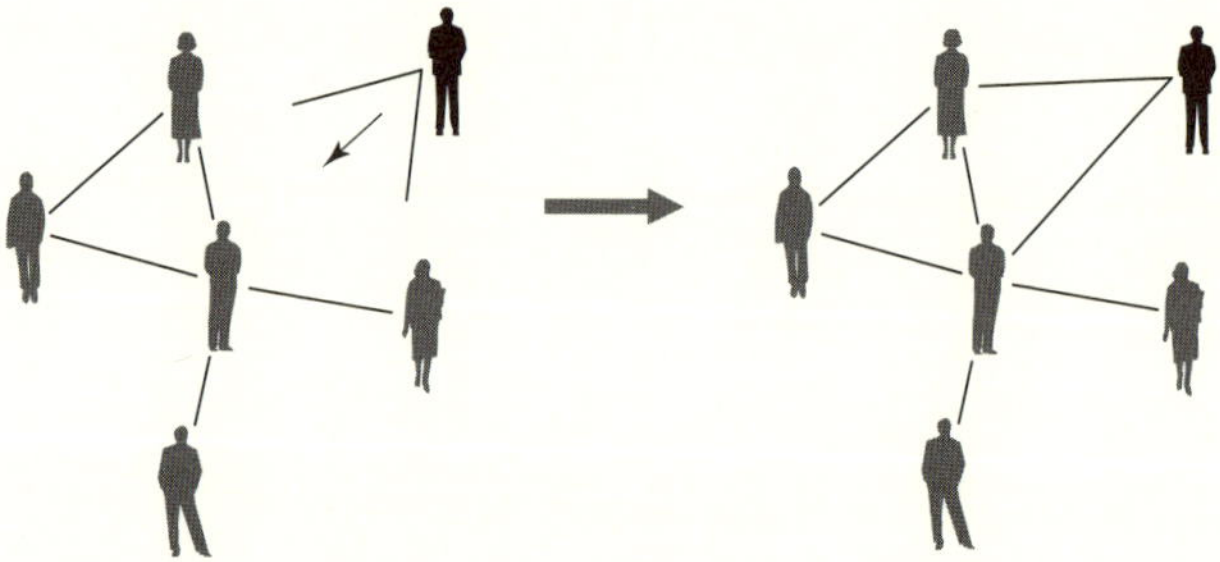

図10　ネットワークの成長における優先的選択ルールのもとでは、新たな頂点は、次数の大きな既存の頂点と優先的につながる。

のアルバート＝ラズロ・バラバシとレカ・アルバートだった。

バラバシとアルバートは、ネットワークの成長を表す一つの数学的モデルを提案した。彼らは、ランダムにつながった少数の頂点（頂点数は2個や3個でよい）から成長を始めるネットワークを考えた。この初期状態におけるネットワークの核に、ある決まった数の枝をもつ新たな頂点が一定の頻度で加わる。新しい頂点がすでにある頂点とどう枝を結ぶかは、次の単純なルールによって定まる。すなわち、新たに加わった頂点は、既存の頂点のうち、すでに大きい次数をもつ頂点と枝を結ぶことを好むとする。このルールは**優先的選択**とよばれる（図10）。原理的には、新たな頂点は既存のどの頂点ともつながることができるが、既存の頂点の次数が大きいほど、新たな頂点を引きつける可能性が高い。あまり次数の大きくない頂点が新たな枝を受けとることもたまにはあるだろうが、ほとんどの場合にはハブがいっそう多くの新たな頂点を引きつける。

優先的選択によるネットワークの成長過程は、数学とコンピュータシミュレーションによって解析できる。現実のネットワークを分析して、優先的選択が実際に起こっているかどうかを調べることもできる。成長の初期には、ネットワークのすべての頂点がほとんど同じ次数をもつ。しかし、成長の過程である頂点が他よりも多くの枝を集め始める。ある時点で頂点のもつ枝が多いほど、その頂点は新たな枝をより多く引きつけることができる。このことが、優先的選択が**富めるものがさらに富む**仕組みとよばれる理由だ。優先的選択の結果として、初期には小さかった次数の差がだんだんと増幅される。そうして頂点の間に、最も次数の小さい頂点から多くの枝を集めるハブまでの幅広い上下関係が生まれる。結果として得られるネットワークは不均一で、べき乗則の次数分布をもつ。

バラバシ=アルバート・モデルは、トップダウンの設計図を与えることなしに、ボトムアップな成長の仕組みによってネットワークの不均一性が生み出されることを示した。ネットワーク全体としてのスケール不変性は、それぞれの頂点がどの頂点と枝を結ぶかという個別の選択が繰り返された結果だ。枝を結ぶ相手を選ぶときは、次数の小さい頂点よりもより大きい次数をもつ頂点のほうを好む。バラバシ=アルバート・モデルでは、頂点がこの傾向からずれた選択をする可能性を含むので、中には次数の小さい頂点とつながることを選ぶ頂点もある。しかし、結果としてできあがるネットワークは、頂点が相手を選ぶ一般的な傾向によって決まる。

仮に、優先的選択のルールなしでネットワークが成長すると、不均一性は生じない。この場合は、既存の頂点が新たな枝を引きつける能力は次数と無関係なので、新たに加わる頂点は既存の頂点をランダムに選んで枝を結ぶ。よって、結果として現れるのは均一なネットワークで、すべての頂点がほとんど同じ次数をもつようになる。

優先的選択は幅広く見られる仕組みである

優先的選択は、将来の発展が過去の状態に依存するような多くの自然現象や社会現象において働く仕組みのネットワーク版だ。そのような現象の例として、都市の規模は現在の規模に従って変化する。つまり、大きな都市は大きな拡大を経験し、小さな都市では変化が小さい。別の例でいえば、今日の株価が高いほど、明日の株価との差は平均的に大きい。この仕組みは、**乗算ノイズ**ともよばれる[2]。

多くのネットワークにおいて優先的選択が働いていそうだと考えられるのには、さまざまな理由がある。一つには、大きい次数をもつ頂点は新たな頂点によって見つけられやすい場合があるからである。多くの他のサイトからリンクされているウェブサイトは、あまりリンクされていないサイトに比べて、ウェブを閲覧する人に簡単に発見されやすい。数多く引用される科学論文についても同じことがいえる。認知度が上がることにより、さらに多くのリンクや引用を受け取ることがより簡単になるのだ。

別の理由として、つながり自体が新たなつながりを引きつけることが挙げられる。社会学者たちは、**間接的配偶者選択**の証拠を発見した。つまり、人は配偶者を選ぶとき、相手の個人的特徴だけでなく、他の人による意見も考慮に入れるということだ。ある研究によれば、学生世代の女性は、ある男性が1人で写った写真を見たときよりも、同じ男性が多くの女性に囲まれている写真を見たときのほうがその男性をより高く評価する。いままでに数多くの交際相手がいたことが、さらなる交際相手を引きつける地位へと人を押し上げるのかもしれない。このことは、優先的選択が**人気者がさらに人気になる**原理ともよばれる理由だ。

優先的選択が起こる理由のうちでもっと意図的な行動によるものは、ハブとつながると他の多くの頂点へ簡単に到達できることだ。アメリカでは1978年の航空産業の規制緩和以来、多くの航空会社が**ハブ戦略**を採用してきた。その本質は、大きい次数をもつ空港をひいきの目的地として選ぶことだ。その動機は明らかで、ハブ空港に就航すると他の多くの目的地へ接続することができるので、より多くの潜在的な顧客を引きつけられる。同様のことは、企業役員の兼任ネットワークでも起こっている。多数の取締役会に所属する経営者は多くの情報に触れることができて幅広い視野をもつので、さらに多くの企業から見ても役員として雇いたいと思うとても魅力的な人材だ。

インターネットにおいても、多くの頂点へ到達できることは枝が結ばれる条件として本質的だ。インターネットの大部分は、インターネット接続事業者（ＩＳＰ）とよばれる営利企業によって構築され、維持されている。ＩＳＰが新たなインフラを構築するとき最優先で考えるのは、インターネット上の情報への高速なアクセスを利用者に保証することだ。この基準に従うと、ＩＳＰは接続先として無作為にルーターを選ぶわけではなく、ただ単に近くにあるルーターを選ぶわけでもない。そうではなく、可能な限り少ないステップ数で、できるだけ多くのサーバーへ接続できるルーターに接続する。この条件を満たす接続相手として、ハブよりもよい選択肢はあるだろうか？　インターネットの場合には、マッピング・プロジェクトによって観測された実際のネットワーク構造は、優先的選択による説明と合致するようだ。ある時点におけるインターネット地図で大きい次数をもつ頂点は、次の時点でのインターネット地図においてさらに大きい次数をもつという傾向が、定量的に知られている。

一見したところ別の仕組みのように思えるが、実は優先的選択が働いているという場合もある。例として、個人のウェブサイトを開設する場合を想像してみよう。ウェブサイトのよくあるつくり方は、友人のサイトを調べて、その中でよいものを雛形として利用することだ。人はたいてい友人と共通の関心をもっているので、雛形として参考にしたサイトにあるリンク集は、少し手を加えるとしても大部分をそのままにして使うだろう。結局、新しいサイトは雛形サイトに多少の変更を加えた複製となる。

このようなサイトの複製は、ある種の優先的選択の仕組みを隠しもっている。雛形サイトはどのウェブページにリンクしているだろうか？　最も可能性が高いのはハブだ。単にハブページがリンクの大部分を得ているという理由だけで、どのウェブページも、リンクの少ないページよりもハブページにリンクしている可能性が高い。よって、複製されてできたページも同じハブへリンクを送りやすく、事実上の「富めるものがさらに富む」仕組みを生み出し、優先的選択ルールが再現されるのだ。

サイトの複製は、ネットワークでいえば頂点の複製に対応する。この仕組みは奇妙なものに感じられるかもしれないが、いくつかの例においては実際に優先的選択が起こるための主要因だ。たとえば、科学論文が論文引用を行う際に、同じ研究分野の他の論文が引用している論文を孫引きすることがしばしばある。これによって、その分野における権威ある論文の名声はますます高まる。

いろいろな例を見てきたが、優先的選択の最も興味深い例は、遺伝子ネットワークだ。遺伝子は、**重複と多様化**の過程を通じて頻繁に変化する。細胞分裂の途中ですべてのDNAが新しい細胞へ複製されるが、ときどき誤りが起こる。より詳しく言うと、まず元々のDNA鎖に含まれるすべての遺伝子がそれぞれ重複して複製され、娘細胞のゲノムとなる（**遺伝子の重複**）。ほとんどの場合、娘細胞のゲノム中の重複する遺伝子は、同じタンパク質をつくり出す。しかし、さらに細胞分裂が進むと、重複して複製された2つの遺伝子のうち1つに突然変異が起き、その遺伝子からつくられるタンパク質は新たな機能をもつようになることもある。その結果として、たとえば、前の世代の細胞において相互作用していたのとは異なるタンパク質と相互作用するようになるかもしれない（**遺伝子の多様化**）。

この遺伝子進化の仕組みは多くの事例で観測されてきた。ここで、タンパク質相互作用ネットワークにおける遺伝子変異の役割は、ウェブサイトの例で説明した頂点複製の仕組みとまったく同じだ。ある新しい頂点（複製され突然変異を起こした遺伝子からつくられるタンパク質）がネットワークに加わり、その新しい頂点は、祖先の頂点のもつ枝（本来の遺伝子からつくられるタンパク質が相互作用する相手のタンパク質）のいくつかをもち、さらに、突然変異により新たに相互作用するようになったタンパク質とも枝を結ぶ。

この遺伝子変異の仕組みにおいて、次数の大きいタンパク質は自然と優位である。それは、次数の大きいタンパク質をつくり出す遺伝子がより複製されやすいということではない。次数の小さいタンパク質に比べて、次数の大きいタンパク質の方が遺伝子変異によって生まれた新たなタンパク質と相互作用する可能性が高く、新たな枝をより受け取りやすいということだ。

遺伝子複製の役割はタンパク質相互作用ネットワークのみについて示されてきたことだが、代謝ネットワークにおいても同じく優先的選択が起きていることを支持する（直接的または間接的な）証拠が存在する。この優先的選択という仕組みからすぐに思い当たる結論は、ハブはたいていネットワークの古参の頂点であるということだ。なぜなら、古い頂点は「先行者利益」の恩恵を受ける機会があったからだ。

代謝ネットワークにおけるハブはまさに原始的な分子であり、おそらく生命の初期段階における進化の過程でゲノムに組み込まれたのだろう。[3] ハブにあたる分子は、たとえばRNA（リボ核酸）ワールド[4]の名残である補酵素A、NAD（ニコチンアミドアデニンジヌクレオチド）、GTP（グアノシン三リン酸）である。あるいは最古の代謝経路である解糖系やトリカルボン酸回路[5]を構成する分子もそうだ。異なる生物のゲノムを比較した研究により、タンパク質相互作用ネットワークについては、進化的に古いタンパク質は新しいタンパク質に比べて他のタンパク質との枝を平均的に多くもつことが明らかにされている。

優先的選択はネットワークができるときに働く唯一の仕組みではなく、すべての不均一なネットワークが優先的選択によって生じるわけではない。しかし、バラバシ＝アルバート・モデルは重要な教訓を与えてくれる。すなわち、単純で局所的な頂点の振る舞いが、相互作用を通じて繰り返され、複雑なネットワーク構造を生じさせうるということだ。この複雑な構造はネットワーク全体としての設計図がなくとも現れる。また、それぞれの頂点の振る舞いは次数の大きい頂点につながるという一般的な傾向からずれる場合もあるが、そのようなある程度のランダムさがあったとしても複雑なネットワーク構造は生じる。

適応度が重要になるとき

時たまの性的関係を重視するときには、候補となる相手のある種の特徴、たとえば政治的意見、社会階級、喫煙の有無について人はとても寛容な傾向にある。しかし、相手と婚約や結婚を考えるとなるとこれらの要素はとても重要になる。これは、社会学者のエドワード・O・ローマンによる1990年代中頃のデータ分析から得られた教訓だ。このデータによれば、アメリカのおよそ4分の3の夫婦で、夫と妻がさまざまな似たような特徴をもつ。これらの特徴には、同じ社会階級や民族グループへの所属、同程度の教育水準が含まれる。さらには、個人としての魅力、政治的意見、食習慣や喫煙のような健康に関する行動についても夫婦の間で類似が見られる。その一方で、結婚以外の性的関係にあるカップルを対象にすると、似たような特徴をもつカップルの割合は（半数以上と）なお高水準ではあるが既婚カップルに比べればずっと低くなる。

同類婚、すなわち似た人と結婚しやすいという傾向は、一夫一妻制で、原理的には誰とでも結婚できる社会においてさえ非常に強い。騒がしい学生時代には個人の評判、たとえば、それまでの恋人の人数で測られるようなものは、性的関係ネットワークにおいて枝を結ぶ原動力だろう。しかし年齢を重ねて落ち着いてくると、もっと厳格な判断基準が効いてくる。個人の評判が基準となる場合では「富めるものがさらに富む」仕組みが働いていそうだが、それ以外の場合を同じ仕組みで説明することは難しそうだ。

実は、同類婚は**ホモフィリー**の実例の一つだ。ホモフィリーの本質は、似た人と枝を結ぶことを好むことである。ホモフィリーが社会ネットワークを形づくる強力な要因であるという、多くの社会学研究に基づく証拠がある。バラバシ＝アルバート・モデルでは、頂点と枝を結ぶ上での主な基準は、その頂点の次数だった。しかし、現実には多くの場合で、新たな枝を引きつける上で次数とは関係のない他の特徴がより重要なのだ。

バラバシ＝アルバート・モデルが導く一つの結論は、古い頂点は新しい頂点を上回る累積優位性をもつということだ。しかし、現実には必ずしもそうとは限らない。たとえば、ウェブにおいてかつて栄光を浴びたサイト、たとえばマゼラン（Magellan）やエキサイト（Excite）といった検索エンジンは、いまではほとんど忘れ去られている。グーグルやヤフーなどのより新しいサイトがそれらのサイトに代わって有名になった。新たな参加者が勝負に加わるとき（たとえばフェイスブックを想像してみてほしい）、累積優位性は完全にひっくり返されることがある。新規参入者は、既存の競合相手に比べてより魅力的な特徴をもつことがしばしばある。

この場合、ネットワークのつながり方は、バラバシ＝アルバート・モデルのように頂点の次数のみによって決まるのではない。反対に、頂点のとある特徴が、頂点の枝を得る能力を決める上でとても重要な役割を果たすことがある。このような特徴は頂点の**適応度**または**隠れ変数**とよばれ、次数ほど明白ではないがネットワーク構造を形づくる要因である。

2002年に、物理学者のグイド・カルダレリ（本書の著者の一人）、アンドレア・カポッチ、パオロ・デ・ロ・リオス、ミゲル・アンヘル・ムニョスの4人は、頂点の適応度のみに基づいてネットワークを生成するモデルを導き出した。このモデルの基本的な作成手順はランダム・グラフと同じだ。すなわち、頂点の集合が与えられ、その中でのすべての頂点のペアを考え、それぞれのペアについてある決められた確率によって枝を結ぶかどうかを決める。ただし、このモデルの場合には、ランダム・グラフとは違って枝を結ぶ確率は一定ではなく、ペアになった2頂点の適応度の値によって変化する。

適応度モデルの第一段階は、頂点に適応度を与えることだ。適応度は、たとえば個人の所得を表すと考えられるだろう。こう考える場合には、適応度は国内の富の分布をまねるように頂点に与える。つまり、少数のとても豊かな頂点があり、ある数の上位中流の頂点があり、その次は下位中流の頂点、というようにだ。モデルの第二段階は、頂点間の枝を結ぶ確率を定義することである。階層構造がはっきりと分離した社会を再現するために、以下のようなルールが考えられる。2人が社会的関係をもつ確率は、2人の所得の差によって決まり、とくに所得差の逆数に比例するとしよう。つまり、所得の差が大きいほど、2人が枝を結ぶ確率は小さいということだ。所得が非常に異なる2人が枝を結ぶ可能性は常にあるが、ネットワークを形成する最も重要な要因にはならなさそうだ。一般的には、ホモフィリーが他の要因に勝るだろう。

この適応度モデルはものごとを単純化しすぎていると思われるかもしれないが、ある場合には申し分なく現象を説明する。たとえば、世界貿易網について考えてみよう。この場合には、頂点の適応度は世界各国のGDP（国内総生産）だ。[6] 2か国の適応度が高いほど、枝を結ぶ確率が高いとしよう。これは、**適応度の高いものがさらに富む**仕組みの一種であり、高いGDPをもつ国ほど多くの商業的関係をもつ傾向を意味する。これはホモフィリーとは異なる。なぜなら、GDPの高い国々は似たものどうしで多くの枝を結ぶ一方で、GDPの低い国々どうしは枝を結ばないからだ。それらの国々はどの国とも枝を結ばず、つながりが乏しいままだ。

2004年に、物理学者のディエゴ・ガラスケリとマリエラ・ロフレドは、任意の時点でネットワークに存在する商業的関係の全枝数をモデルに与えれば、適応度と接続ルールの要因だけで世界貿易網の特徴をとても高い精度で予測できることを示した。たとえば、実際の世界貿易網の次数分布を正確に推定できる。これは、世界貿易網における自己組織化の背後にある基本的な仕組みを、適応度モデルの単純な原理でとらえられるということを示唆する結果だ。

優先的選択もそうだが、適応度もまた現実のネットワークすべてにおいて働いているということはありそうにない。バラバシ＝アルバート・モデルが成長するネットワークの場合にもっともらしく思える一方で、適応度モデルは頂点数がほとんど固定された成長しないネットワークにおいてうまく働く。とはいえ、2つの仕組みが同時に働く場合もある。その例として、2001年に物理学者のジネストラ・ビアンコーニとアルバート＝ラズロ・バラバシは、優先的選択のモデルに適応度の考え方を導入した。彼らは、2つの仕組みを混ぜるとインターネットの構造的特徴がうまく再現されることを示した。

最後に注意しておかなければならないのは、適応度モデルは必ずしもべき乗則の次数分布を生み出すとは限らないということだ。多くの適応度分布と接続ルールの組み合わせがべき乗分布を生み出すが、そうではない例もたくさんある。しかし、これは適応度モデルの限界というよりはむしろ有益な性質だ。つまり、この性質のおかげで世界貿易網のようにそれほど不均一でないネットワークにも適応度モデルを当てはめることができるからだ。

戦略の多様性

隣の女の子（または男の子）が理想の結婚相手だという通説は、すでに過去のものとなった。1980年代中頃には、配偶者と近所で知り合ったと答える人はすでにほとんどいなかった。社会学者のミシェル・ボゾンとフランソワ・エランによる1989年の研究によれば、フランスではそう答える人の割合は3パーセントであった。しかし、その研究のたった30年前には、近所どうしの結婚はとてもありふれたものだった。ボゾンとエランは、1914年から1960年の間は、その割合が15～20パーセントであったことを発見した。世界の多くの国々において、近所どうしの結婚は今日でもよくある。婚姻関係は（そして社会的関係は一般に）、個人の人気度と個人どうしの類似度のどちらでも決まらない場合もある。地理的な制約の影響が強い場合（たとえば長距離移動手段が頻繁には利用できない場合）は、近所や同じ村の住人の中で友人をつくることを強いられる。

地理的制約が影響する場合には、ネットワークの頂点は物理的空間に埋めこまれていて、このことが多くの重要な結果をもたらす。地理的制約のない場合には、ほとんど労力なしに誰でも枝を結ぶことができる（SNSで友人をつくる場合のように）。しかし地理的制約がある場合には、長距離の枝は非常に高くつく。多くのインフラ網（鉄道、ガス配管、高速道路など）は物理的空間に埋めこまれているので、長距離の枝が少ないという傾向を示す。他には、時間軸に埋めこまれているネットワークもある。たとえば、科学論文はある特定の日に出版されるので、新しい論文は古い論文だけを引用できる一方で、古い論文は新しい論文を引用できないという枝の接続についての偏りが生じる。

これら以外の枝の接続に関する偏りや頂点のとる戦略が、ネットワークの形成に影響を与える場合もある。社会学者たちは、社会ネットワークにおいて人が枝を結ぶ基本的な動機として2つを特定してきた。1番目は**機会に基づく要因**、つまり2人が将来に接触をもつ可能性だ。2番目は**利益に基づく要因**、つまりある種の効用最大化や不快感最小化である。工学的なネットワークが形成される上では、ネットワーク全体としてのある指標の**最適化**が重要な役割を果たすこともある。たとえば、WWWにおいては、情報探索の労力を最小化する圧力が、頂点間の平均距離や枝の密度を最適化する傾向につながる[7]。

最後に指摘しておきたいのは、見かけ上は自己組織化の結果にみえるネットワークであっても、実はそうではなく完全にランダムな作成手順に由来するものかもしれないということだ。ある企業が新しいSNSを公開して、10万人のユーザーにニックネームを与えると想像してみよう。その企業は、ある1人のユーザーには1000人の他のユーザーと友人になる許可を与え、他の2人には友人500人分の許可を、他の3人には333人分の、また他の4人には250人分の、というように設定するとしよう。ユーザーはそれぞれのニックネームが誰に対応するのか知らないので、友人をランダムに選ぶだろう。明らかに、このネットワークがつくられる過程には自己組織化は存在せず、企業によって定められたルールがネットワーク構造を決定する。それにもかかわらず、最終的にできるネットワークはそもそものつくり方からしてべき乗則の次数分布をもつ。この例が示すのは、べき乗則の次数分布は必ずしも自己組織化を意味するとは限らないということだ。

ネットワークの振る舞いをモデル化することによってネットワークの特徴を理解しようとする場合には、ここまで述べてきたような枝の形成に関わるすべての要因を考慮しなければならない。それはつまり、頂点のとる戦略、枝の空間的・時間的な偏り、枝が結ばれる過程、そして頂点が枝を結ぶ動機づけだ。もしかしたら、それぞれのネットワークが独自のモデルを必要とするのかもしれない。しかし、一見したところは関係なさそうな複数のネットワークに実は共通点があって、それらのネットワークの形成過程で優先的選択や適応度モデルのようなとても一般的な仕組みが重要な役割を果たすということはありそうだ。現実の多くのネットワークには頂点が枝を結ぶ局所的な仕組みはあるが、全体的な計画はない。そのような状況でも大規模で、複雑で、秩序的で、効率的なネットワーク構造が生まれる理由を、この章で解説したネットワークの形成モデルは簡潔に説明することができる。

（訳注1）神経細胞の活動によって、細胞どうしをつなぐシナプスの結合の強さは変化する。このことを脳の可塑性（あるいはシナプス可塑性）という。可塑性は、記憶や学習を可能にする基本的な仕組みであると考えられている。

（訳注2）株価は、ニュースや市場の動きなどさまざまな要因の影響を受けて不規則に上下動する。この時間変化は、現在の株価にランダムな値をかけ算して次時刻の株価が決まるモデルでうまく説明できることが知られている。ランダムな値（ノイズ）をかけ算する（乗算）ので、この仕組みは乗算ノイズとよばれる。

（訳注3）必ずしも原始的な分子と代謝ネットワークのハブとが一致するわけではないという異論もある。

（訳注4）初期の生命においてはＤＮＡではなくＲＮＡが遺伝情報の維持を担っていたとする説がＲＮＡワールド仮説である。

（訳注5）解糖系とは、食事などで摂取された糖を生物の使いやすい物質へ変換する代謝経路である。トリカルボン酸回路は、生体内でエネルギー生産などの重要な役割を担う代謝経路で、一般的にはクエン酸回路という名前で知られる。

（訳注6）ＧＤＰは、一定期間内に国内で生み出された生産物やサービスの総額として定義される。ＧＤＰが大きいほど、その国の国内経済が活発だといえる。

（訳注7）あるページから目的のページにリンクをたどって到達するのにたくさんの他のページを経由する必要があったら、ＷＷＷの利用者はページを探すのをやめてしまうかもしれない。よってＷＷＷの平均距離は短くしたいという要求がある。一方で、あるページから別のすべてのページにリンクを張れば平均距離は短くなるが、ページ内で目的のリンクを見つけ出すのは不可能になる。あるページが出すリンクの個数がそのページのもつ枝の数なので、この意味で枝の本数あるいは枝の密度には制限がある。この2つの条件のバランスを適切に保ったままでＷＷＷのネットワークが成長すると著者は主張している。

第7章
ネットワークをもっと深く調べる

友人は誰？

1990年代に実施された複数の社会調査によれば、アメリカのある地域において、白人の性感染症患者1人につき最大で20人の同じ感染状態のアフリカ系アメリカ人がいるという。この数字は、いまなお存在する人種的不平等の結果だ。しかし、これほど大きな差を生む感染の実際の仕組みについては、まだよくわかっていない部分もある。

1999年に、社会学者のエドワード・O・ローマンとユーシク・ヨンは、興味深い手がかりを発見した。性的接触に比較的活発でない（前年に1人しか交際相手がいない）アフリカ系アメリカ人と性的接触により活発な（前年に4人以上の交際相手がいた）アフリカ系アメリカ人が交際する可能性は、活発でない白人と活発な白人が交際する可能性に比べて5倍高かったのだ。言い換えれば、白人の性的関係ネットワークにおいては、活発でない人たちからなる**周辺部**は、活発な人からなる**中心部**からある程度分離していた。反対に、アフリカ系アメリカ人のネットワークにおいて活発な人たちと活発でない人たちの2つのグループは、より密に連結していた。この違いの原因は不明だが、もたらす結果はわかりやすい。つまり、白人のネットワークでは性感染症は主に中心部の内部で広がる一方で、アフリカ系アメリカ人のネットワークでは、性感染症は周辺部にも飛び火する。

この例では、頂点の次数は、状況を理解するために最も重要な指標というわけではない。ちょうど同じ人数の性的関係の相手をもつ人でも、その人がアフリカ系アメリカ人であるか白人であるかによってどれほど感染の危険にさらされるかが異なる。このような状況では、どれだけ「友人」がいるか（つまり次数）を知るだけでは不十分であり、友人にどれだけ友人がいるかを知ることも必要だ。

次数分布はネットワーク全体の構造について、たとえばハブが存在するかどうかといった多くの情報をもたらす。しかし、ネットワークのすべてを教えてくれるわけではない。たとえば、頂点数と枝数の同じ2つのネットワークを考えてみよう。それぞれのネットワークで全頂点に1から順に番号を振り、2つのネットワークで同じ番号の頂点は同じ次数をもつとしよう。それでも、2つのネットワークの全体的な構造がまったく異なるように枝を配置することはできる。次数は、頂点についての局所的な特徴だ。ネットワークのもっととらえにくい構造を理解するには、構造をより深く調べ、ある頂点の周辺の状況を表す指標を見つけなければならない。つまりは、隣接する頂点やそれらに隣接する頂点の構造的特徴だ。

冒頭の例で、白人の性的関係ネットワークでは、次数の小さい頂点は小さい頂点どうしで、次数の大きい頂点は大きい頂点どうしでつながるという傾向がある。これは、**正の次数相関**とよばれる。これはホモフィリーの特別な場合で、次数の似ている頂点どうしが枝を結ぶという傾向だ。これとは反対に、アフリカ系アメリカ人のネットワークでは、次数の大きい頂点と小さい頂点が互いにつながっている。これは、**負の次数相関**とよばれる。

隣り合う頂点の次数に相関関係があるのは、たいていは自明でない仕組みがネットワークに働いているからである。その仕組みとは、おそらくある種の自己組織化だろう。ランダム・グラフでは、ある頂点に隣接する頂点は、完全にランダムに選ばれる。結果として、隣接する頂点の次数にははっきりとした相関関係はない（ネットワークの頂点数が有限であるという理由から、ある程度の相関があるように見えることもあるが）。

反対に、ほとんどの現実のネットワークには、次数相関がある。一般的な法則性ではないが、多くの自然現象や科学技術に見られるネットワークは負の次数相関を示し、一方で社会ネットワークは正の次数相関を示すという傾向がある。たとえば、ウェブページ、インターネットの自律システム、生物種、代謝の生成物では、次数の大きい頂点は次数の小さい頂点と枝を結ぶ傾向がある。一方で、企業の役員、映画俳優、科学論文の共著者では、似た次数の頂点どうしが枝を結ぶ傾向がある。つまり、ある個人の次数が高いほど、ネットワークにおいて隣接する相手の次数も高い。

頂点のつながり方を決める相関関係にはさまざまな可能性があり、正負の次数相関はその一例にすぎない。他の関係の例として、ローマンとヨンは、アフリカ系アメリカ人が交際相手を同じ民族グループから選ぶ傾向は、他の民族グループの人が同じことをする傾向に比べてずっと強いということも明らかにした。その結果として、感染症がアフリカ系アメリカ人社会に侵入すると、感染はその集団内に留まる。この単純な効果のみによって、アフリカ系アメリカ人が性感染症にかかる可能性は白人よりも1・3倍高くなる。この場合、頂点間の相関は次数によって生じるのではなく、頂点の固有の特徴、つまり民族についてのホモフィリーとして現れる。もう一つの例は、体格についてのホモフィリーだ。似たようなBMI（ボディマス指数）の人どうしは、そうでない人よりも社会的関係を結びやすいという傾向が知られている。

注意しなければならないのは、頂点どうしの関係は必ずしもホモフィリーを支持する正の相関ばかりわけではないということだ。たとえば、食物網では、植物から草食動物への枝や草食動物から肉食動物への枝はあるが、草食動物どうしや植物どうしをつなぐ枝はほとんどない。

友人の友人は誰？

15世紀にメディチ家を率いてフィレンツェを手中に収めたコジモ・デ・メディチは、「考えの読めないスフィンクス」と評された。彼はめったに公の場で語らなかったし、ほとんどいかなる活動にも公然と関わらなかった。しかし周囲に強力な派閥を築くことができ、ルネサンスにおける最重要都市フィレンツェの**パーテル・パトリアエ**（祖国の父）とよばれるまでになった。1993年に、社会学者のジョン・F・パジェットとクリストファー・K・アンセルは、メディチ家とフィレンツェの他の有力な一族とをつなぐ婚姻関係、経済的関係、後援関係についての記録を分析した。彼らが見出したのは、多くの主要な家筋のなすネットワークにおいて、コジモの一族が中心に位置していたということだ。さらに重要なことに、メディチ家によるつながりがなかったとしたら、それらの家筋どうしは関係が弱かったか、あるいは互いに敵対さえしていた。コジモの控えめな態度が幸いして、彼はすべての家筋との間に同盟と支配の関係を築くことができた。

メディチ家を中心にすえたネットワークは、**エゴ・ネットワーク**の一例だ。エゴ・ネットワークとは、中心に位置する頂点（**エゴ**とよぶ）に隣接する頂点と、隣接する頂点間の枝からなるネットワークだ。後者の枝が1つでも欠けていると（すなわち、エゴに隣接する2つの頂点間に枝がない場合)、ネットワークには**構造的空隙**が存在する。コジモのエゴ・ネットワークは構造的空隙に満ちていて、彼の一族はそれを**デヴィデ・エ・インペラ**(分断と支配)戦略を実行するために利用できた。すなわち、メディチ家は多くの争いごとにおいて第三者とみなされ、メディチ家以外の一族は他の一族との関係についてメディチ家に仲介を頼まなければならなかった。[1]

しかし、多くの構造的空隙に囲まれていることが必ずしも有益だとは限らない。2004年のある調査によれば、自分の友人どうしが友人ではない少女は、自殺を図る可能性が2倍高いという。この調査結果の説明として、友人どうしの間に直接の人間関係がなく、彼らから入ってくる相反する意見にさらされることが原因だと考えることができる。もう一つの例は、労働組合に見られる。労働者のエゴ・ネットワークに構造的空隙が存在しないとき(つまり、エゴである労働者が、互いの間に多くの枝をもつ頂点たちに囲まれているとき)、強力でよく調整された、情報の伝わりやすい組織が生まれる。

一般的に、構造的空隙のさまざまなパターンは、エゴが異なる状況にあることを表す。たとえば、専門化した分野の研究者は、たいてい同じ分野の研究者とつながっていて、それらの研究者たちどうしも直接つながっていやすい。一方で、非常に学際的な分野[2]の研究者は、おそらくさまざまな分野の専門家とつながっていて、それらの専門家どうしは必ずしも直接つながってはいない。

これらのすべての例について、どれだけ友人をもつか（次数）や友人がどんな人か（たとえば、隣接する2頂点の次数が似ているかどうか）は重要でない。重要なのは、友人の友人がどんな人かだ。とくに、ある頂点の友人どうしも互いに友人であるかどうかが重要だ。この概念は、しばしば**推移性**あるいは**クラスタリング**とよばれる。友人を2人もつ人を想像してみよう。彼らは**つながった3人組**をなす。友人2人が互いに友人なら、彼らは**推移性の3人組**、簡単に言えば**三角形**をなす。ネットワークにおけるつながった3人組の中で三角形をなす3人組の割合は、ネットワークの**クラスタリング係数**を計算するための基本要素だ。

ランダム・グラフでは、ある頂点に隣接する頂点どうしの枝は、任意の2頂点間の枝と同じくランダムに結ばれる。その結果、ランダム・グラフにあるのは純粋にランダムな枝の配置によって生じた個数の三角形だけだ。一方で、おおよそすべての現実のネットワークがもつクラスタリング係数は、頂点の次数を変えずに枝をランダムにつなぎ替えたネットワークに比べて大きい。この事実が示唆するのは、ランダム・グラフにおける期待値以上のクラスタリング係数を生み出す上で、ある種の自明でない過程、おそらく一種の自己組織化が働いているということだ。

多くのネットワークにおいてクラスタリング係数が高いということは、ネットワークに「全員が全員と友人」というグループが存在することを思わせる。一見、このイメージはネットワークのスモールワールド性と矛盾するように思える。[3] ネットワークは、スモールワールド性が意味する通り全頂点が数ステップ以内に存在する「開かれた」世界なのだろうか？　あるいは、しっかりと内部でつながり合った複数のグループがばらばらに存在するのだろうか？

実は、2つの性質が両立することに何の矛盾もない。その理由はワッツ＝ストロガッツ・モデル（82ページを参照）を丁寧に調べると理解できる。このモデルでは、まず円状につながった頂点を考えるのだった。頂点は、近くの村と物資を交換する人里はなれた村のように、円周上の1つ隣と2つ隣の頂点と枝を結ぶ。この時点ではネットワークは完全にクラスター的な構造をしていて、隣接する2つの村は1つ以上の取引相手を共通にもつ。ワッツ＝ストロガッツ・モデルでは、ここで少数の枝をランダムに選んだ頂点へつなぎ替えることを許す。つまり、少数の村は、近くの村との取引を辞退して、代わりに遠く離れた別の村へ近道を開き物品を運ぶ。2頂点間の距離を急激に縮めるにはわずかな本数の枝をつなぎ替えれば十分なのだった。一方で、枝をつなぎ替えると近くの村との三角形の取引関係が崩壊してクラスタリング係数が低下すると考えられるだろう。

しかし、ワッツとストロガッツは、クラスタリング係数の低下は平均距離の減少に比べて目立たないことを発見した。現実的には、クラスタリング係数を目に見えて低下させるには、ほぼすべての頂点について枝をつなぎ変える必要がある。これを行うと、ネットワークにはランダムに張られた枝だけが存在することになる。このネットワークはランダム・グラフなので、大きなクラスタリング係数は期待できない。ワッツ＝ストロガッツ・モデルの大きな教訓は、(規則的な格子でもランダム・グラフでもない)ネットワークは、大きなクラスタリング係数と小さな平均距離を同時にもつことができるということだ。

クラスタリング係数についてもう一つの興味深い点は、ほとんどすべてのネットワークにおいて、頂点のクラスタリング係数[4]は頂点の次数に依存するということだ。たいてい、次数が大きいとクラスタリング係数は小さい。一方で、次数の小さい頂点はクラスタリング係数が大きく、グループ内でしっかりと結びついた局所的なグループに所属していやすい。同様に、ハブは多くの頂点と枝を結んでいて、それらの頂点どうしには枝はないという傾向がある。たとえばインターネットでは、次数の小さい自律システムはクラスター性の高い地域ネットワークに属していて、地域ネットワークどうしは国家規模の基幹ネットワークでつながっている。これと似た構造は多くの他のネットワークにもありそうで、このようなネットワークでは頂点の次数が大きくなるとクラスタリング係数は小さくなる。

友人の友人の友人の…は誰？

お金は確かに幸せをもたらすが、幸せな人たちに囲まれていることはもっと多くの幸せを与えてくれる。1984年のある推計によると、年収が50万円増えても幸せを感じる見込みは2パーセントしか増えないという。一方で、1人幸せな友人がいるとその見込みは15パーセントも増える。これが社会学者のニコラス・クリスタキスとジェームス・ファウラーによる2008年の研究成果だ。クリスタキスとファウラーは、マサチューセッツ州フレーミングハムに住む1万2千人以上の人々に、幸福についての主観的な感覚について尋ねた。それに加えて、彼らは被験者間の友人、配偶者、兄弟の関係を図に描いた。このネットワークを描くことによって、クリスタキスとファウラーは、隣接している人は共通の感情を抱く傾向があることを見出した。自分を幸せだと思う人たちどうしはグループをつくることが多く、不幸せだと思う人たちも同じようにグループをつくる。

クリスタキスとファウラーはさらに興味深い現象を発見した。それは、人の幸福度は直接つながってはいない人たちの幸福度の影響を受けるということだ。ネットワークで2ステップだけ離れた人（友人の友人）からの「幸福度の影響」はおよそ10パーセントだ。3ステップ離れた人（友人の友人の友人）からだと、およそ6パーセントだ。この影響は4ステップ先でようやく消える。彼らや他の研究者たちは、肥満、喫煙習慣、クチコミの助言（よいピアノの先生やペットの里親を探すなど）についても同じような結果を得た。すなわち、これらのすべての場合に、影響や情報は3次の隔たりだけ離れた人から届いていた。

いくつかの社会現象で見出されたこの**3次の法則**は、**2者関係を超えた伝播**の一例である。すなわち、枝で結ばれた人どうしの2者関係を超えた社会現象の拡散だ。この3次の法則で重要なのは、頂点の次数でも、隣接する頂点の次数でも、隣接する頂点間の枝でもない。影響は、それぞれの頂点の身近な関係を越えて広がる。実際には多くの現象において、3次の隔たりをも越えていく。たとえば、非常に感染力の強い感染症は、もっと長い感染の連鎖を起こす。同様に、食物網における栄養素の伝播は、捕食-被食関係を通じてネットワーク全体に広がる場合もある。

このような影響伝播のダイナミクスにおいて頂点が重要かどうかは、その頂点を通る伝播経路の数によって決まるだろう。この頂点の重要性を定量化するために、社会学者のリントン・C・フリーマンは頂点の**媒介中心性**という概念を導入した。ネットワークにおけるすべての2頂点のペアについて、間をつなぐ最短経路を数えよう。ある頂点の媒介中心性は、基本的には他の頂点間の最短経路のうちでその頂点を通るものの割合だ。この割合が高いほど、その頂点はネットワークにおいて媒介中心性の意味で中心的だ。

媒介中心性の考え方に従うと、15世紀のフィレンツェにおける家筋のネットワークでは、メディチ家は最も中心的な一族である。この例で言えば、頂点の媒介中心性は、自分の利益にかなうように情報の流れを遅らせたり、情報をゆがめて伝えたりする能力のものさしだ。いくつかの研究によれば、経済ネットワークにおける企業の媒介中心性を用いると、その企業の（取得した特許の本数で表されるような）開発能力や財務実績をうまく予測することができる。

興味深いことに、1980年から2005年の間に東アジアの国々は世界貿易網での媒介中心性が大幅に上昇した一方で、ほとんどのラテンアメリカ諸国の媒介中心性は低下した。しかし、2つの地域の国々は、貿易統計では同じような変化を示していた。つまり、東アジアとラテンアメリカの発展についての大きな違いは、マクロ経済の統計指標ではうまく表せないが、ネットワークの考え方に基づく媒介中心性でとらえることができるのだ。

1965年のある研究によれば、モスクワは中世に中央ロシアの河川運輸ネットワークにおける最も中心的な頂点となった。おそらく、このことによってモスクワが将来に渡って重要な都市となる舞台が整ったのだろう。

媒介中心性の高い頂点は、たいていグループ間の架け橋やボトルネックとして振る舞う。それらの頂点は、ネットワーク上の交通においてほぼ必ず通過しなければならない強制的な停留所だ。この理由から、頂点間の交通量の大部分がネットワーク上の最短経路を通ると仮定すると（常に成り立つわけではないがよい近似ではある）、媒介中心性は頂点がさばく交通量負担の推定値といえる。同じ理由で、媒介中心性の高い頂点に損害を与えると（たとえば中心的な生物種を絶滅させたり中心的なルーターを破壊したりすると）、ネットワーク上の流通を根本的に損なう。

なお、交通とは別のネットワーク上のダイナミクスを考えたい場合は、目的に応じて別の中心性を定義することができる。たとえば、近接中心性という指標がある。ある頂点から1ステップでたどり着ける頂点の割合、2ステップで行ける割合、3ステップで行ける割合、といった値を考慮して計算される中心性である。必要ならば、もっと複雑な中心性の定義を用いることもできる。

現実の多くのネットワークにおいて媒介中心性を調べると、ネットワークが不均一であることのさらなる証拠が得られる。多くの現実のネットワークでは、頂点の媒介中心性の分布は不均一性の特徴である厚い裾野をもっているのだ。⑤ よって、各頂点の媒介中心性は全頂点の平均値から非常に離れた値をとりうるので、平均値は媒介中心性の推定値としては適当でない。ごく少数の頂点だけが、ほとんどすべての最短経路における主なボトルネックである。そのような少数の頂点に次いで、残った頂点の中では中心的である頂点のグループがあり、そのさらに下に同様のグループがあり、というように階層構造が続く。

媒介中心性の高い頂点がネットワークにおいて重要であると考えると、それらの頂点はハブなのかどうかという自然な疑問が生じる。多くの場合は実際にそうであり、媒介中心性の高い頂点は次数も大きい。たとえば、インターネットの自律システムで次数の高いものは、地域ネットワーク間の架け橋としても働く。言葉のネットワークでいえば、複数の意味をもつ単語は、他の単語とのたくさんの枝を通じて言語における別々の単語グループをつなぐ。

しかし、この媒介中心性と次数の関係はすべての例に当てはまる法則ではない。重要な例外は航空網だ。航空網では、次数の小さい空港が並外れて大きな媒介中心性をもつことがある。2000年時点のネットワークにおいて最大の媒介中心性をもつ空港はパリで、250以上の都市と枝を結ぶハブ空港だった。しかし、次に媒介中心性の大きい空港は、アラスカ州のアンカレジだった。アンカレジは世界の他の部分から離れた場所にある中規模の空港で、航空路線はたった40本しかなかった。媒介中心性の上位には、アンカレジと同じような規模の空港が他にも含まれていた。

このような例外的な頂点が存在する理由はどうやって説明できるだろうか？　アラスカ州には州内の航空路線を担う多くの空港がある。アンカレジはそれらの空港とアメリカの残りの部分とをつなぐ唯一の架け橋なので、多くの経路がアンカレジを経由するのだ。つまり、アンカレジが例外的に高い媒介中心性をもつのは、アラスカが内部の空港の密度は高いわりに外界とはほぼつながりのない地域であることによる結果である。

どんなグループに属している？

1972年に、アメリカのある大学の空手クラブでは2人の指導者がとても対立しており、ついにはクラブを2つのグループに分割することを決断した。世の多くの人にとってはまったくつまらないと思えるこの出来事は、社会科学者のウェイン・W・ザカリーの目には金の鉱脈だと映った。1977年に、彼はこの出来事についてそれまでにない見方をもたらす先駆的な研究を発表した。

1970年、空手指導者のハイ氏は、クラブの部長であるジョン・A氏に、自身の給料を上げるために教室の受講料を引き上げるよう頼んだ。しかし彼の申し出は完全に拒否された。時が経つにつれ、この問題をめぐってクラブ全体が分裂状態になり、2年後にはハイ氏の支持者たちは彼をリーダーとする新たな組織を結成した。この騒動の間じゅう、ザカリーは、クラブにおける空手のけいこ、打ち合わせ、パーティー、親睦食事会についての情報を集め、クラブの活動以外でも会っているメンバーどうしを仲のよい友人として特定した。

こうして、ザカリーはメンバー間の正確な友人関係ネットワークを描くことができた。得られたネットワーク構造は、ハイ氏とジョン・A氏を取り巻く2つのグループにはっきりと分かれていた。それぞれのグループに属するメンバーは互いに友人であり、ハイ氏とジョン・A氏

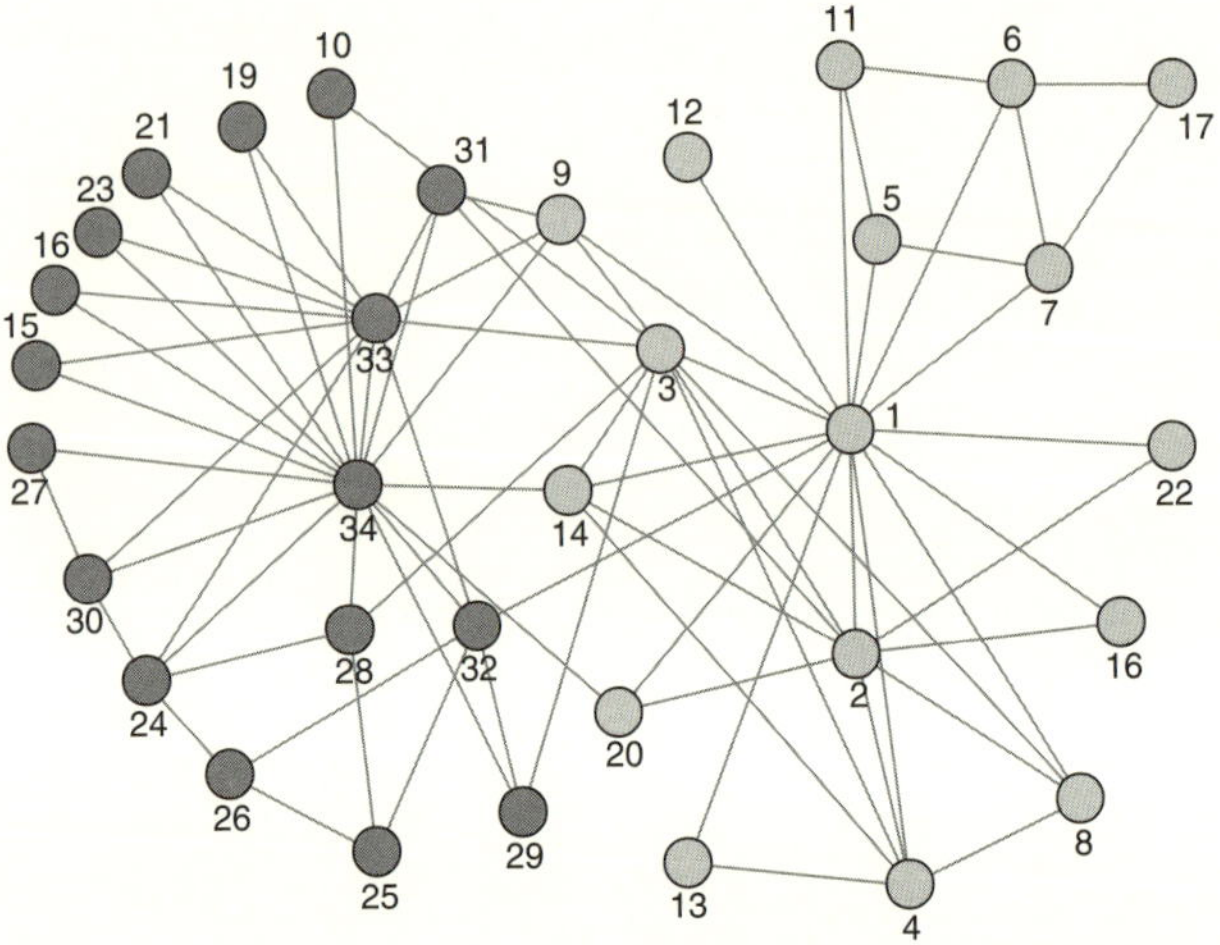

図11　人類学者のウェイン・ザカリーの調査に基づいた空手クラブにおける友人関係の構造。このネットワークを分析すると、クラブが2つのコミュニティに分かれると予想できる。

のうちどちらか1人とも友人で、別々のグループに属するメンバーの間にはほぼ友人関係がなかった（図11）。最終的にクラブが2つに分裂したとき、メンバーはほぼ正確に2つのグループを隔てる線を境にして分かれた。

　ザカリーの分析手法では、ネットワーク構造のみにもとづいてクラブの分裂結果をほぼ正確に予測することができた。それ以来、研究者たちは、ネットワーク中の**コミュニティ**あるいは**モジュール**を特定するための一般的な手法を発見することに取り組んできた[6]。ザカリーの空手クラブネットワークの場合には単にネットワークを調べるだけでコミュニティを見出すことができたが、他の例はネットワークはもっと複雑なので、コミュニティを発見する一般的な解法はまだ見つかっていない。

現実のすべてのネットワークは、ある程度のモジュール性を示す。アラスカ州は、明らかに航空網における1つのコミュニティだ。地域内ではよくつながっているが地域外とはあまりつながりがないような他の地域も同じようにコミュニティである。食物網は、**コンパートメント**という生物種のグループに分けられる。あるコンパートメントに含まれる生物種は、コンパートメント外の種よりも同じコンパートメントに属する種とより強く相互作用する。社会ネットワークは、**クリーク**に分けられる。たとえば、思春期の青少年についての研究によれば、青少年の行動は所属するクリークから強く影響を受ける。神経ネットワークは大まかな部分に分けられ、それぞれの部分はたいてい特定の認知機能に対応している。遺伝子制御ネットワークも部分ネットワークに分けることができ、それぞれの部分ネットワークは特定の生理機能や病気と関連している。

この章のここまでの内容を振り返ると、次数は単一の頂点についての情報だった。次数相関とクラスタリング係数は、ある頂点を取り巻くすぐ近くの頂点についての情報だった。頂点の媒介中心性は、ネットワーク全体における頂点の位置取りについての情報だった。しかし、これらの指標では、ネットワーク全体を分けるコミュニティ構造をとらえることはできない。

コミュニティを比較的簡単に表すために、**モチーフ**を用いることがある。モチーフとは、ネットワーク全体に繰り返し現れる、少数の頂点がなす接続パターンだ。食物網では、ひし型のモチーフがしばしば見られる。たとえば、ある肉食動物が2種の草食動物を食べ、2種の草食動物が同じ植物を食べる、というように。もう一つのよくあるモチーフは、3つの生物種のなす鎖だ。大きな魚が小さな魚を食べ、小さな魚がより小さな魚を食べるといったように。

これらのつながりのパターンは、単に枝が偶然に結びついてできた結果ではない。現実の食物網では、ランダムなネットワークと比べてこれらのモチーフが非常に高い頻度で現れる。大規模なネットワークでは、モチーフの候補となる頂点と枝のパターンをたくさん取り出すことができるのが普通である。しかし、接続パターンを意味のあるモチーフとみなすためにはある条件が満たされなければならない。その条件とは、もとのネットワークにその接続パターンが現れる回数が、枝をランダムに結んだネットワークに現れる回数よりも十分に大きいことだ。

ウェブでは、典型的なモチーフの例は**2部クリーク**だ。2部クリークは2グループのウェブサイトからなっていて、一方のグループのウェブサイトすべてから、もう一方のグループのウェブサイトすべてへリンクがある。しばしば、2部クリークを見つけることで「ファン」サイトと「アイドル」サイトの構造が特定される。「ファン」は、共通の関心をもち（たとえば、ラフティングについてのブログ）、「アイドル」（たとえば、ラフティングに関する雑誌のウェブサイト）にリンクを送っている。

別の例として、遺伝子制御ネットワークはほぼ完全にモチーフによってできている。**エシェリキア・コリ** *Escherichia coli* というバクテリア（大腸菌）がストレスの多い状況に置かれると、ある遺伝子回路がストレスを感知していくつかのタンパク質を生成する。これらのタンパク質は、結合して鞭毛を形づくる。鞭毛は一種の動く尻尾で、これを使ってストレスの多い状況を逃れてよりよい環境を探して泳いでいくことができる。これと同じような遺伝子回路、すなわち**フィードフォワードループ**は、他の多くのバクテリアやいくつかの生物の遺伝子制御ネットワークに存在する。

進化を通じて、最適な性質をもつモチーフ（たとえば、ある機能を実現するためにより少ない遺伝子しか使わないモチーフ）が選ばれてきたようだ。個々のモチーフの機能に加えて、遺伝子制御ネットワーク全体としてもモジュール性をもつことには明らかな利点がある。すなわち、複数のモチーフを組み合わせて新たな機能を産み出すことができることと、1つのモチーフが損傷を受けても他のモチーフには波及しないということだ。

モチーフは、ネットワークに繰り返し現れる少数の頂点からなるパターンだった。一方、コミュニティについて考えるときは、たいていネットワークの大まかな分割を目的とする。食物網におけるコンパートメント、SNSにおけるコミュニティ、論文引用ネットワークにおける学問分野などのようにだ。これらのコミュニティ構造は、規則的に繰り返し現れるわけではない。コミュニティを見つけるという課題は、ネットワーク構造以外の手がかりがあればより簡単になる。たとえば、あるコミュニティに属するかどうかが頂点自身のもつ何らかの要因によって決まる場合がそうだ。コミュニティに属する人がブログに付加しているウィジェット(7)であったり、共通の服装の着こなしだったりするだろう。しかし、このような情報はたいてい入手不可能で明らかではなく、コミュニティを見つけるためにはネットワーク構造を詳しく調べるしかない。

コミュニティを見つけるための一般的な方針は、頂点のグループでグループ外との枝に比べてグループ内では非常に密に枝があるものを見つけることだ。この方針は空手クラブネットワークの場合にも同じだった。このようにコミュニティを言葉で定義するのは簡単である。ただ、この定義を数学的にうまく表現するのは難しく、コミュニティを見つける方法の決定版は未だに見つかっていない。ある方法では、最適性の基準を満たすように複数の頂点をグループにまとめていく(8)。別の方法では、コミュニティの入れ子構造を表す系統樹を描くために、ネットワークをグループに分け、そのグループをさらに分け、さらにそれらを分けるという手順をとる。他には、頂点の間に仮想的なばねを置き、ばねの動きが落ち着いた後で近くに位置する頂点たちを1つのコミュニティとみなす方法もある(9)。

コミュニティを見つける方法は他にも色々ある。そのうちの一つでネットワーク構造を賢く利用する方法に、**枝の媒介中心性**に基づく方法がある。つまり、頂点間の最短経路のうち多くが通過するような枝を見つけるということだ。グラノベッターの研究によれば、媒介中心性が上位の枝は分離しているグループどうしをつなぐ弱い枝である傾向が見られる。媒介中心性の高い少数の枝を取り除けば、ネットワークは適当な数のグループに分離する。それらのグループは、見つけたいコミュニティの適切な候補だ。媒介中心性が高い枝を順番に除去することによって、大きなグループの中に入れ子になっている細かなコミュニティを見つけることができる。

コミュニティ発見法の興味深い応用例に、アメリカの政治に関するブログの分析がある。物理学者のラダ・アダミックは、民主党支持者のブログと共和党支持者のブログがきれいに分離していることを発見した。ブログのネットワークは、間にほぼ枝のない、2つの大きなグループをなしていた。さらには、自由主義派のブログのネットワークは、保守派のブログのネットワークよりもまとまりが低いことがわかった。たとえば、人工妊娠中絶の是非を主題とするブログの中では、賛成派のブログどうしよりも反対派のブログどうしのほうがより密につながっていた。[10] 結果として、インターネット上での組織的運動は、賛成派よりも反対派の間で簡単に広がりやすい。[11]

別の研究では、社会ネットワークが民族性によって形づくられるかどうかを検証するため、あるアメリカの学校における生徒のコミュニティが調べられた。民族性がとても多様な学校やとても均質な学校では、民族性は社会ネットワークと関係がないという結果になった。それとは対照的に、民族多様性がほどほどの学校では、ネットワークにおいて人種ごとのコミュニティの分離がはっきりとしていた。代謝ネットワークについては、コミュニティは特定の機能(炭水化物代謝、ヌクレオチド・核酸代謝、タンパク質・ペプチド・アミノ酸代謝、脂質代謝、芳香族化合物代謝、モノカルボニル化合物代謝、補酵素代謝)に対応していることが明らかにされてきた。最後の例として、企業株式の価格相関ネットワークにおける頂点を分類すると、銀行、鉱業、流通、金融などのさまざまな事業分野に対応するコミュニティが見つかった。

「外部より内部で密につながった」部分ネットワークというコミュニティの定義はとても一般的なものだが、この定義ではある種の特殊な部分構造はとらえ損ねてしまう。友人間の電話でのやりとりがなす鎖を考えてみてほしい。この鎖は、1番目の人が2番目の人に電話をかけ、2番目の人が3番目の人に電話をかけ、というようにできている。いまのコミュニティの定義に従えば、このような鎖はコミュニティとは判定されない可能性が高いだろう。もう一つの例は、同じ事業分野の競合相手のウェブページだ。明らかにそれらのページは同じ事業分野のグループに属するが、互いにリンクしあう動機がないので密な部分ネットワークにはならない。

さらには、現実のコミュニティは、単に内部で密につながった頂点グループよりもずっと複雑である。まず、1つのネットワークに対して、複数のコミュニティ分割の仕方が可能だ。たとえば、国籍、社会階級、性別、職業、政治的意見のそれぞれを用いて、同じ社会ネットワークを異なる基準で分類することができる。さらには、コミュニティどうしが重なる場合がある。同じ人が、複数の国籍をもっていたり複数の組織の一員であったりする。最後に、たとえば出身国の中での出身地域といったように、コミュニティは入れ子構造をしている場合がある。

調べる対象をネットワークとして表現することはかなりの単純化ではあるが、それでも多くの意義ある特徴をとらえることができる。ネットワークをじっくりと観察することで多くの情報が得られ、より複雑な分析を行うとより詳細な特徴が見えてくる。ほとんどの場合に、現実のネットワークはランダムなネットワークからはかけ離れている。このことは、現実のネットワークにそなわったある種の秩序構造を示唆する。繰り返しになるが、例に挙げたすべてのネットワークには全体の設計図がない。よって、ランダムなネットワークとの構造的な違いは、自己組織化の過程から生じている可能性がとても高そうだ。ネットワークがもつ新たな法則を発見し、それを生み出す仕組みを明らかにすることは、ネットワーク科学における現在進行中の挑戦的な課題である。

(訳注1) 直接つながりのない他の一族どうしを仲介して関係の決定権を握ることで、メディチ家が権力を得たということ。

(訳注2) 複数の分野における知識が混ざり合って研究が進められる研究分野のことを、学際的であるという。本書のテーマであるネットワーク科学は、数学、物理学、社会学、コンピュータ科学、生物学などの多くの分野が重なりあった、学際的な研究分野の一つである。

(訳注3) 著者の主張は次のような内容であると推察される。現実のネットワークの多くがそうであるように、それぞれの頂点の次数は全頂点数に比べて十分に小さいとしよう。つまり、結ぶことのできる枝の数は限られている。クラスタリング係数を高めるように「全員が全員と友人」のグループをつくるために枝を使うと、近道をつくるための枝が足りずスモールワールド性が現れないように思える。反対に、まずネットワークをスモールワールドにするために近道の枝をつくるとする。すると今度は「全員が全員と友人」のグループをつくるための枝が足りず、クラスタリング係数は低くなるように思える。

(訳注4) 頂点のクラスタリング係数は、隣接する頂点から2つを選ぶ組み合わせのうち、選んだ2頂点の間に枝がある組の割合によって定義される。

(訳注5) 頂点を次数の値に従って整列させて次数分布を得たのと同じように、中心性の値に従って整列させれば頂点の中心性の分布が得られる。

(訳注6) ここでのコミュニティという言葉は、枝が密な頂点のグループを意味するネットワーク科学の用語である。地域社会、共同体といった通常の意味とは異なる。本書のこれ以降では、コミュニティという言葉をもっぱら前者の意味で用いている。

（訳注7）ウィジェットとは、ブログに機能を付加するための小さなプログラムのことである。時計、訪問者数、天気予報、カレンダーなどを表示するものが代表的である。

（訳注8）この種のコミュニティ発見方法では、まず一つひとつの頂点がそれぞれ単独で1つのコミュニティをなすとする。次に、2つの頂点を選んで、それらをまとめて新たに1つのコミュニティとする。この2頂点は、1つにまとめた後のコミュニティ分割としての「良さ」が最も大きくなるように選ぶ。この「良さ」の指標をどう決めるかという問題があるが、ランダムなネットワークに比べて、コミュニティ内には枝が多くて別々のコミュニティ間には枝が少ない状況を良いとみなすように定義するのが代表的である。その後も「良さ」を最大化するように2つのコミュニティを選んでくっつけていき、「良さ」ができるだけ大きくなるように繰り返す。もうこれ以上コミュニティをくっつけても「良さ」が向上しないとなったとき、最初はばらばらだった頂点はいくつかのグループにまとまっているだろう。この頂点のグループを、コミュニティとみなす。

（訳注9）この仮想的なばねに基づく方法は、コミュニティの発見だけでなくネットワークの描画にも利用されている。枝がたくさんあって結びつきの強い頂点の集団を近くに配置することで、ネットワークの構造を整理してわかりやすく描くというのが基本的なアイデアである。なお、この描画方法は日本人研究者によって考案された（T. Kamada and S. Kawai, *Information Processing Letters*, vol. 31, pp. 7-15 (1989)）。

（訳注10）キリスト教国では、保守派は人工妊娠中絶に反対で、自由主義派は人工妊娠中絶を容認する傾向がある。

（訳注11）伝統的なネットワーク上の情報伝播モデルについての研究成果によると、枝数が同じならば枝の密なコミュニティがないほうがより情報は広がりやすいとされる。一方で、逆に枝が密なほうが広がりやすいとする近年の実験結果もある（D. Centola, *Science* (*New York*, N.Y.), vol. 329, pp. 1194-1197 (2010)）。

第8章
ネットワークを襲う大災難

驚きを生みだす舞台

バロ・コロラド島は、パナマ運河の流れの中ほどにある熱帯雨林の小島だ。パナマ運河建設のために近くの河川がせき止められた際に、いくつかの丘の頂上部分だけが水に浸からずに残り、バロ・コロラド島となった。これにより、この島は、熱帯雨林が小さな部分に寸断されたときに起こる変化についての野外実験の場となった。この状況は、高速道路、建造物、田畑、資源採掘場によって熱帯雨林が寸断され本来の植生が変化する場合に似ている。

バロ・コロラド島の周囲が運河に浸かってから数年後、島ではジャガーとピューマの生息数が劇的に減少していた。その結果として、ジャガーやピューマに食べられる生物が大繁殖した。今では、島にはアグーチとよばれる典型的な大型げっ歯類が数多く生息している。アグーチはアカシアの大きな種を好んで食べるので、その大増殖はアカシアの安定した繁殖にとって大問題であり、アカシアの種に住みつく微生物にとっても同じく問題だ。アカシアの種がアグーチに食べられてアカシアの本数が減少するにつれて、より小さな種をつける植物が食物網においてアカシアにとって代わり、その植物を食べる動物もまた増える。このように、最初に起こった最上位種の交代による影響が、この島の食物網におけるすべての方面に広がる。

この例のようなドミノ効果は、食物網において珍しいことではない。一般にネットワークは、大規模かつ突発的な驚くべきダイナミクスの舞台となる。交通ネットワークにおける感染症病原体の拡散、電力網における停電、あるいは社会ネットワークにおける深刻な対立や予期せぬ協調的行動。これらの現象を考えると、ネットワークは「大災難」が起こるための理想的な環境に思える。

ネットワークの頂点は、物質や情報（通信パケット、エネルギーなど）をやりとりする個々の要素（人々、コンピュータ、生物種、遺伝子など）を表す。あるいは、個別のもの（品物、旅行者など）をやりとりする地点（国、空港など）を表すこともある。このようなとても多様なネットワークの種類に応じて、考えられるダイナミクスの種類は膨大にある。どうしてネットワークでは、こういった驚くべきダイナミクスが起こるのだろうか？　ネットワーク構造はこれらのダイナミクスにどう影響を与えるのか？　これらの疑問に一般的な答えを与えることは不可能だ。しかし、多くの場合について、ネットワークの不均一かつランダムでない組織化が、ネットワーク上で起こるあらゆる現象に大きな違いをもたらすのである。

故障と攻撃

２００１年7月18日、ボルチモア（アメリカの都市）の地下鉄トンネルで列車が脱線し、炎上し始めた。間もなく、アメリカ東海岸沿いの複数の州でインターネット回線が低速になった。列車の火災によってトンネルを通る光ケーブルが焼けたのだが、この光ケーブルはアメリカにおける複数の最大手インターネット接続事業者が共有していたのだ。この列車事故は、アメリカの大部分にまたがるドミノ効果を引き起こした。

インターネットは、常日頃からこういった事故にさらされている。さまざまな理由で、常にある割合のルーターは使用不能の状態にある。それぞれの事故はボルチモアの脱線事故と同じくらい深刻な事態につながる可能性があるものの、大損害にまで拡大することはめったにない。インターネットは、ある程度の日常的な機能不全に対しては大して問題なく耐えられるように思える。故障した頂点を迂回する代わりの経路が存在するなら、それが可能だ。しかし、他の多くのネットワークと同じように、インターネットには無駄な枝はあまり存在しないし、枝が非常に密なわけでもない。これらの点を考慮すると、インターネットは頂点の故障によって簡単に機能停止する場合があると予想するのが自然だろう。しかし、その予想に反して、インターネットは故障に対して高い耐久性を見せるのである。

　インターネットは故障や事故には比較的耐性があるように見えるが、入念に計画された攻撃に対しては深刻な損害を出す場合がある。２０００年2月7日、膨大な数のユーザーがヤフーのウェブサイトにログインした。その人数はあまりに多く、ヤフーのサーバーは通信要求に応じることができずウェブサイトは機能停止した。その後数日のうちに、イーベイ（eBay）からＣＮＮ[1]にいたるまで他の複数のウェブページが、同じ理由で機能停止した。2か月後、警察は、これらの原因となった大量のログインが作為的なものであり、マリファナ・ボーイというあだ名をもつ15歳のカナダ人ハッカーによって発信されていたことをつかんだ。彼は、インターネットの通信を阻害するためにケーブルを焼く必要はなかった。彼による攻撃は、ＷＷＷにおける通信量の大部分を集めるウェブサイトを停止させるのに十分だった。

　インターネットやＷＷＷのように、現実のネットワークの多くは諸刃の剣といえる安定性を示す。それらのネットワークは、大部分が損傷を受けたとしても平常通り機能することができる。しかし、小規模な故障や狙いを絞った攻撃により突如として完全に機能停止する。

　たとえば、遺伝子の突然変異は生命の生涯を通じて自然に起こる（変異の中にはあるタンパク質を細胞内から消し去るものさえある）。あるいは、人の手によって操作される遺伝子変異もある（たとえば**遺伝子ノックアウト**とよばれる遺伝子工学の技術では、実験用マウスの特定の遺伝子を機能停止させる）。しかし、大量の突然変異や予想だにしないほど多数の遺伝子ノックアウトに対して、生命は高い頑健性を示す。そのような変化を受けても、生命は全体として平常通り働くことが多い。その一方で、ある特定の遺伝子変異が細胞の活動を完全に崩壊させる場合もある。

脳では、神経細胞がひっきりなしに失われている。臓器にストレスのかかる飲酒などの体験は、相当な数の神経細胞を死滅させる。しかし、たいていは二日酔いを経て体の機能は再び全快になる。パーキンソン病では、大きな割合の神経細胞が死滅したことに患者自身が気づかない場合さえある。しかし、死滅の割合があるしきい値を超えると、壊滅的な状況が現れ始める。

頂点の故障に対する耐久力という点で、自然に見られるネットワークは工学的なシステムとはまったく異なる。航空機では、1つの部品が損なわれれば機体全体を機能停止させるのに十分だ。損傷に対する回復力をもたせるには、特定の部品を二重化するなどの対策をとる必要がある。この対策によって、航空機はほぼ100パーセント安全なものになる。それとは対照的に、現実のネットワークは、たいてい全体の設計図がないのに大きな割合の故障に対して自然に回復する力を示す。しかし、ある特定の要素が故障すると、ネットワークは崩壊する。それでは、問題に気づかずにネットワークが耐えることのできる故障はどのくらいの量だろうか？また、故障するとネットワーク全体の崩壊を引き起こす構成要素はどれだろうか？

これらの疑問に答えるために、科学者たちはネットワークにおける故障を思考実験してきた。ネットワークから頂点を仮に取り除いたときに何が起こるかを観察するということだ。ある割合の頂点を取り除いた後に生き残っている頂点たちがなお連結であるかどうか（ネットワークに巨大連結成分が存在するかどうか）、そして頂点どうしが近接しているかどうか（頂点間の平均距離が小さいかどうか）を検査するのである。通常ランダムに起こる故障を実験するために、頂点はランダムな順番で取り除かれるとする。

ランダム・グラフに対してこの実験を行うと、少数の頂点を取り除いた時点で頂点間の距離は急激に大きくなり、ネットワークは多くの連結でない部分に分裂する。たいていの現実のネットワークと同じような頂点数をもつランダム・グラフは、数割程度の頂点を取り除くと破壊される。(2) 一方で、不均一なネットワーク（実在するネットワークか、同じような頂点数をもつスケールフリー・ネットワークモデル）に対して同じ頂点除去の実験を行うと、80パーセントの頂点を取り除いても巨大連結成分は耐えられる。そして、頂点を取り除いた後の最大連結成分に含まれる頂点間の距離は、実験前のネットワークとほとんど同じままだ。

ランダムな故障の代わりに、マリファナ・ボーイの作戦のようなハブに狙いを定めた攻撃を実験してみると、状況は異なる。ネットワークにおける最も「重要な」頂点（ハブ）を優先的に取り除くという実験をした研究者がいる。ハブ優先の頂点除去の場合には、ランダム・グラフと不均一なネットワークの両方で、ランダムな頂点除去の場合に比べてずっと早い段階でネットワークの崩壊が起こった。しかし、ハブ優先の場合は、攻撃に弱いのは不均一なネットワークのほうだった。均一なネットワークでは、ネットワークを破壊するために次数の上位5分の1の頂点を取り除く必要がある。一方で、不均一なネットワークでは、少数の次数最大のハブを取り除くだけでネットワークの崩壊が起こる。

次数の大きい頂点は、故障と攻撃の両方において重要な役割を果たしていそうだ。不均一なネットワークがハブに狙いを定めた攻撃にさらされる場合には、ハブは「アキレス腱」といえる。不均一なネットワークでは、ハブは主にネットワーク全体としての結びつきを支えていて、いくつかのハブを取り除けばネットワークを破壊するのに十分だ。一方で、ネットワークがランダムな誤りや故障にさらされる場合は、ハブはネットワークにおける「とっておきのエース」である。頂点がランダムな順番で取り除かれるときには、選ばれる頂点はたいてい大量にある次数の小さい頂点の1つだ。よって、そのような頂点が取り除かれたとしても、ハブが取り除かれない限りネットワークは1つにつながったままである。

このことは、頂点の次数が媒介中心性と相関する傾向にあることを考えるとより明らかになる。つまり、次数の大きい頂点は、ネットワーク中の多くの経路を橋渡ししていることが多い。ネットワークにランダムな順番で損傷が与えられるとき、少数しか存在しないハブが選ばれることはめったにないだろう。ハブが損傷を受けなければ、ハブは、ネットワークが連結性を保つために必要な枝を提供する。ランダムな故障に対する耐久力を実現するためには、余分な枝がたくさんある必要はない。ハブを通る経路が、生き残ったネットワークで機能している部分どうしをつなぎとめ続けるからだ。次数の小さい頂点が高い媒介中心性をもち、橋渡し役として働くような稀な例（ある種の空港のように）であっても、ハブに対する攻撃はやはり深刻な損害を引き起こす。もっとも、そのようなネットワークに対する最も致命的な戦略は、中心性の高い頂点から攻撃することだ[3]。

ドミノ効果

故障に対して耐えていたネットワークが突如として崩壊する可能性があるという事実は、我々に警鐘を鳴らす。生態系でいえば、ある頻度での大量絶滅は避けられないことを示唆する。複数の推計によれば、１００万種につき1種の生物種が毎年絶滅しているという。たいてい、これらの絶滅の後に食物網は再編成され、大部分の生物種はこのような自然に起こる絶滅からは大きな被害を受けない。しかし、大量絶滅が起こる場合もある。およそ2億5千万年前、比較的短い期間のうちに90パーセント以上の生物種が姿を消した。これが有名なペルム紀絶滅だ。このような大量絶滅は過去5億年のうちに5回記録されている。研究者たちの主張によれば、恐竜の絶滅を引き起こした原因としてさかんに議論されてきた隕石衝突のように、外的な要因がこれらの大量絶滅の原因だろうという。

ただ、それとは別に、生態系ネットワークを用いて大量絶滅を説明することも可能だ。絶滅が連鎖的に起こる現象、言い換えれば**共絶滅**は、生態学者に知られていないわけではない。たとえば、20世紀中盤に、イギリスはウサギの個体数を調整するために粘液腫症の病原菌を導入した。その結果、1979年にラージブルーとよばれるチョウ（学名**マキュリネア・アリオン** *Maculinea arion*）が絶滅してしまった、という事例がよく知られている。粘液腫症菌はウサギを大量に殺し、結果としてウサギの食べる背丈の高い草が野原を覆った。太陽の光が届く背丈の低い草の中にアリは巣をつくっていたのだが、背丈の高い草が広がったことで光が届かなくなり、アリは住み処を奪われた。アリは、ラージブルーの幼虫と共生的関係にあった。つまり、アリは幼虫の世話をして、幼虫から液体状の食べ物をもらってお返しをされる。アリの住み処が破壊されたことにより、だんだんとラージブルーの繁殖数が減り、絶滅につながったのである。

ウサギは粘液腫症によって完全に姿を消したわけではなく、ラージブルーは一部の地域では再び現れた。よって、この一連の出来事は厳密な意味では共絶滅ではない。しかし、食物網の受ける被害がいかに遠くまで及ぶかを教えてくれる事例といえる。

ラージブルーと同様の事例がもっと大規模に起こり、生態系のほぼすべての種を激減させるような絶滅の連鎖が生じたと仮定すると、過去に起きた大量絶滅の一つの説明となる。今なお、行き過ぎた漁獲が前代未聞の規模で海洋生態系を消耗させている。このように生態系への大規模な攻撃の原因が人間自身である場合にも、食物網における被害のドミノ効果を頭に入れておかなければならない。

ネットワークにおける別のダイナミクスについても、食物網の大量絶滅と同じような**連鎖故障**あるいは**故障の雪崩**が生じる。典型的な例は、大規模停電だ。ある発電所に故障が起こって発電できなくなることにより、別の発電所に需要が集中して過剰負荷となる。今度はその発電所が故障する。このような連鎖がネットワークの大部分に伝わり、過剰負荷を広げる。この現象において、頂点の故障はつながりが失われることなどの結果であるだけではなく、ドミノ効果の結果でもある。経済危機の最中に起こっている経済ネットワークの**組織的故障**も、この現象の実例だ。同じことは、**渋滞現象**でも起こる。たとえば、道路ネットワークのある地点で立ち往生する自動車、特別な催しの最中に地下鉄の駅で身動きがとれなくなる人々、あるインターネットサービスを停止させるインターネット上の通信がそうだ。

これらのすべての場合で研究により示されてきたことは、ハブが重要であるということだ。ハブが移動時間を短くすることと、ハブの処理能力が真っ先に飽和状態になることがその理由である。

感染症の大流行

1347年、人類史上最も壊滅的な被害をもたらした感染症の一つが、コンスタンティノープルで発生した。それから3年の間に、黒死病とよばれたその感染症はヨーロッパ大陸へ移動し、人口のかなりの割合を占める死者を出した。黒死病は、1年につき320〜640キロメートルの速さで進み、波のようにヨーロッパを広がった（図12の左図）。

この黒死病の広がり方は、世界的に流行する現代の感染症とはまったく異なる。当時の世界人口の3パーセントの死者を出したと推計される1918年のインフルエンザは、広まるのにたった1年しかかからず、その間に大陸から離れた太平洋の島々にまで到達した。「アジアかぜ」ともよばれる1957年に発生したインフルエンザウイルスは、およそ6か月で地球全体を席巻した。2009年の新型インフルエンザのような、より近年に起きた大流行は、地球のある地域から別の地域へ数週間のうちに飛び火した（図12の右図）。

黒死病が、船や荷物に潜んで1日に数キロメートルずつ巡礼者や商人や船員とともに移動し

14 世紀の黒死病の大流行

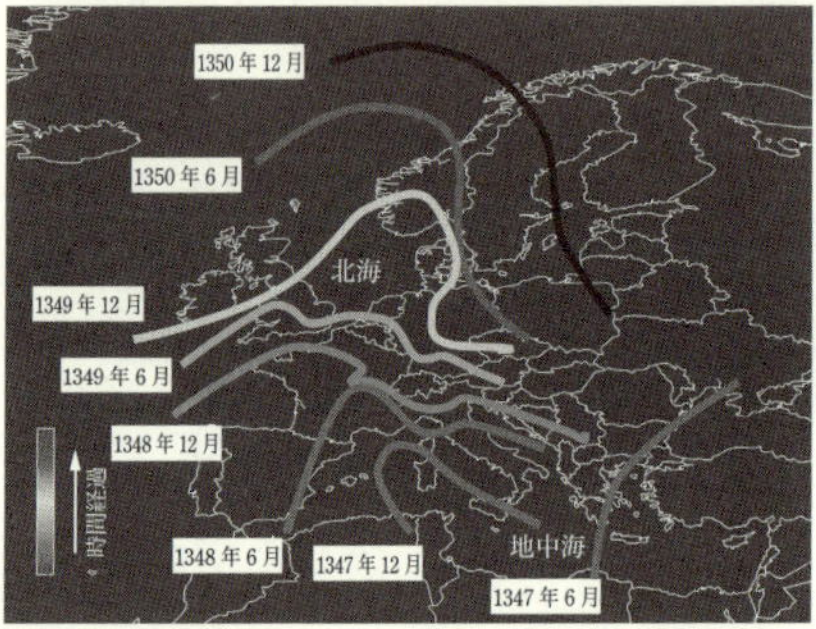

2009 年の新型インフルエンザの世界的流行

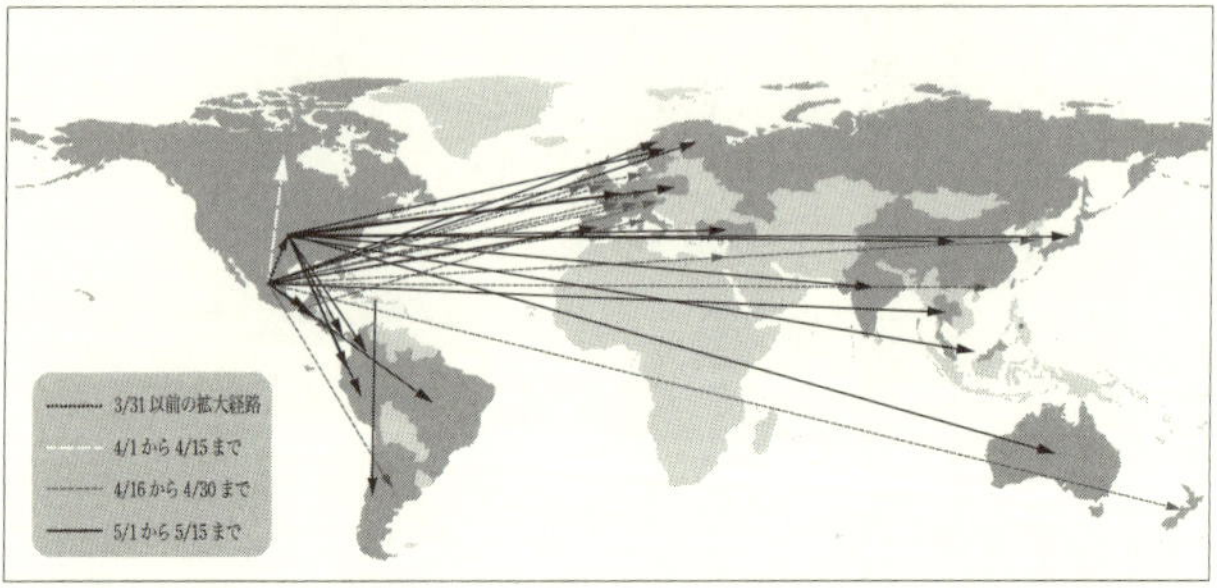

図 12 （上図）14 世紀の黒死病（ペスト）の流行は、波のように広がってヨーロッパを席巻した。
（下図）2009 年の新型インフルエンザは、火の粉を放つ火事のように地球上のある地域からさまざまな地域へと広がった。感染症の広がり方にこのような違いがあるのは、人間の交通ネットワークが劇的に変化したことが原因といえる。

たのに対して、現代の感染症は、高速道路や列車や航空機のようなずっと効率的な交通手段に頼ることができる。14世紀には、物理的な距離が感染症拡大の最も重要な要因だった。現代のネットワーク的につながった世界では、感染症は飛行機に乗って国境を飛び越え、短時間のうちに地球の反対側へ到達することができる。

感染症は、世界的な規模(たとえば航空網)と局所的な規模の両方でネットワークを通じて広がる。人から人へうつる感染症は、人々の社会ネットワークによって感染の仕方が決まる。たとえば、インフルエンザウイルスが部分的には人々の対面接触を通じて広がるのに対して、HIVは感染予防策を用いない性的接触のネットワークにおいて広がる。

2001年に、スペイン・カタルーニャ地方出身の物理学者ロムアルド・パストル=サトラスとイタリア人の共同研究者アレサンドロ・ベスピニャーニは、社会ネットワークにおける感染症の広がりの数理モデルをつくって分析することにより、ネットワークの形が感染拡大に与える影響について調べた。彼らは、感染症のモデルに最小限の要素だけを取り入れた。最初は、わずかな人数だけが病気に感染しているとする。健康な人が感染した人とネットワークの枝を通じて接触すると、健康な人はある確率で感染すると仮定する。一方で、感染した人はある確率で回復して、再び健康状態になるとする。人は**感受性状態**(健康な人は感染に対して「感受性がある」ので、こうよぶ)→**感染状態**→**感受性状態**の繰り返しを経験することになるので、この感染症数理モデルは**SISモデル**とよばれる[4]。

ＳＩＳモデルは、普通の風邪のように、感染しても回復する感染症を表現するために、たとえば人が亡くなったり回復後に免疫を得たりする可能性も考慮すると、モデルはずっと複雑になるだろう。しかし、シミュレーション結果の全体的な傾向は、これらの改良を加えてもＳＩＳモデルのときと変わらない。

ＳＩＳモデルでは、感染拡大の初期段階の後、ウイルスは根絶か持続的流行[5]のどちらかになる。根絶の場合は、感染の規模が徐々に縮小し、最終的にはネットワークから感染者がいなくなる。持続的流行の場合は、時間がたっても一定の感染が維持され、一定割合の感染者が集団中に存在し続ける。感染者1人が新たに感染させる相手が平均1人より少ないとき、その感染症は**感染しきい値**を下回っているという。この場合、感染は根絶される。感染者1人が感染させる相手が平均1人より多いなら、感染症は感染しきい値を上回っている。この場合は感染が拡大する。

ワクチンが利用できる場合には、人口の十分な割合にワクチンを投与する対策によって、感染症の強さを感染しきい値以下に押し下げることができる。非常に感染力の強い感染症は、容易に持続的流行状態になるので、最も対策が難しい。根絶があまりに難しい場合には、感染力を感染しきい値に近いところまで下げるだけでも有益である。つまり、感染症は持続的流行の状態にあるものの、感染者の割合を減らすということだ。

この研究においてパストル＝サトラスとベスピニャーニが見出したのは、感染しきい値はネットワークの特徴に極めて強く依存するということだ。ＳＩＳモデルをランダム・グラフ上で実験すると明確な感染しきい値が見つかり、それを基準にして感染症根絶のために必要なワクチン投与人数を推定できる。しかし、不均一なネットワーク上で実験すると、感染しきい値はランダム・グラフの場合よりもずっと小さく、しきい値が存在しないに等しい。さらには、ネットワークの頂点数を大きくするほど、しきい値の値はより小さくなる。十分に頂点数の大きい不均一なネットワークでは感染しきい値はとても低いので、感染症は常に持続的流行状態になり、ある割合の感染者が存在することはほぼ避けられない。感染症がそのような低い感染しきい値を下回るようにするには、ネットワークのほとんど全員にワクチンを投与するしかない。

他の多くのダイナミクスと同じように、感染症についてもネットワークの不均一性が結果に違いを生み出す。故障と攻撃についての研究によれば、ハブはネットワークの異なる部分をつなぎ留めているのだった（167ページを参照）。この事実が意味するのは、ハブは感染症の拡大における橋渡し役としても働くということだ。数多くの枝をもっていることにより、ハブは感染者と健康な人の両方と接触をもつ。よって、ハブは簡単に感染状態になり、簡単に他の健康な頂点を感染させる。疫学者によって特定される実際の**スーパースプレッダー**は、社会ネットワークにおけるハブであることが多い。

不均一なネットワークが感染症に弱いというのは悪い知らせだが、この事実を理解すれば感染症を抑えるためのよいアイデアにもつながる。不均一なネットワークで感染を完全に防ぐには、理想的にはほぼすべての人にワクチンを投与しなければならない。しかし、限られた割合の人にしかワクチンを与えられないなら、ワクチン投与の対象をでたらめに選ぶのはよい考えではない。でたらめに対象を選ぶということは、ほとんどの場合に比較的次数の小さい人を選ぶことを意味する。ワクチンを与えられた次数の小さい頂点がそのまわりでの感染拡大を防ごうとしても、まわりには常にハブが存在して感染を再び広めるだろう。

でたらめに選ぶよりもずっとよいワクチン投与の方針は、ハブに狙いを定めることだ。ハブにワクチンを与えることは、ハブをネットワークから取り除くのと同等である。ハブに狙いを絞った攻撃についての研究によれば、小さい割合のハブを取り除くことによってネットワークはばらばらになるのだった。そうすれば、感染症はネットワークの中でいくつかの孤立した部分に閉じ込められるだろう。ハブ優先のワクチン投与戦略は有効なのである。

ただし、この戦略は実用化するには難点がある。人間社会におけるネットワークの全体像は誰も完全には知らないので、ワクチンを投与すべきハブを見つけ出すことが現実には困難なのだ。しかし、ハブを見つけ出すうまい方法が、２００３年に物理学者のルーヴェン・コーエン、シュロモ・ハヴリン、ダニエル・ベン＝アヴラハムによって提案された。彼らが提案したのは、まず人をでたらめに選び、選ばれた人にネットワークで隣接する人の名前を尋ねる方法だ。これを繰り返す。挙げられた名前の一覧に最もよく現れる人は、社会ネットワークにおけるハブである可能性が最も高い。実際に、ハブは多くの枝をもち多数の人々とつながっているから、質問を受けた人たちの多くによって名前を挙げられるだろう。

最後に注意しておかないといけないのは、ハブへのワクチン投与は理論上は完璧に機能するが、実際の社会においてはその効果が損なわれる場合があるということだ。たとえば、ネットワークにおいてハブを迂回する余分な経路が存在するかどうか、あるいは接触のネットワークが時間的に固定されているか成長するか、といったことだ。たとえば、ＨＩＶ保菌者のアリスがボブと感染予防策を講じない性的関係にあり、ボブはキャロルとも感染予防をしない性的関係にあるとしよう。すると、ボブがキャロルと性的接触をもつのが、彼がアリスと性的接触をもつ前か後かによって、キャロルの感染可能性は大きく違う(6)。

社会ネットワークにおける感染症拡大についての分析方法は、人ではなく場所（たとえば空港）を頂点とするネットワーク上を人々（たとえば感染した旅行者と健康な旅行者）が移動するという場合に対しても、ある程度は応用することができる。この場合には、**大規模侵入の感**

染しきい値を定義することができるだろう。感染力がこの値を超えると感染症は世界的流行となり、これを下回ると地域的な規模に抑えられる。空港の閉鎖はまったくよいアイデアではない。効果的に感染症拡大を防ぐには90パーセントの空港を閉鎖する必要があると考えられ、それは社会的かつ経済的にあまりに大きな負担となるだろう。抗ウイルス剤を発展途上国（しばしば新たな世界的流行の発生源となる）と分け合うなど、より賢い戦略を採用するほうがずっとよい。

コンピュータウイルス、広告、流行

無名の2人組のパキスタン人プログラマー、1人の大学教授、高校生のグループ。これらの人たちが、初期のコンピュータウイルスの製作者だった。１９８０年代を通じて、コンピュータに寄生するウイルスは、基本的にコンピュータ利用者の間でやりとりされるフロッピーディスクの中にひそんで、コンピュータからコンピュータへ飛び移り始めた。初期のウイルスは、自己複製するソフトウェアについての学問的実験のためにつくられたが、すぐに実験室から漏れ出した。１９８６年、**ブレイン**というウイルスがパキスタンに現れた。同じ年に、あるドイツの研究室が、**ヴァーデム**というウイルスを制御できなくなった。その1年後、高校生のグループが**ヴィエナ**というウイルスを出回らせた。

1990年代にコンピュータウイルスはすでに世界的問題になっていたが、その後に待ち構えていた事態に比べれば何ということはなかった。インターネットの出現により、ネットを通じて自分自身を他のコンピュータへ送信する能力をもつ新世代のウイルスが現れたのだ。

1999年に、**メリッサ**というウイルスがインターネットを通じて拡散した。まず、人々のもとに「あなたのための重要なお知らせ」や「あなたから依頼された書類です。他の人には見せないでください」というような題名のついたメールが届き始めた。そのメールにはlist.docという名前のファイルが添えられていた。受け取った人がこのファイルを開くと、コンピュータに保存されているアドレス帳の先頭から50個のメールアドレスに同じメールを送るウイルスプログラムが起動された。**アイラブユー**、**スラマー**、**ソビッグ**、**ブラスター**、そしてその他にも多くのウイルスが、同じような仕組みを利用してインターネット上の至るところに爆発的に広がり、ひどい影響を与えた。それらのウイルスの中には、企業のコンピュータシステムや大学のデータベースを破壊し、インターネット全体の通信量に影響を与えるものさえあった。

コンピュータウイルス感染のいくつかの特徴は、現実の感染症と驚くほど似ている。コンピュータは他のコンピュータとのつながり（たとえば、メール送受信ネットワークから取得された利用者の社会的関係）を通じてウイルスに感染し、同じように他のコンピュータを感染させる。現実の感染症について得られたいくつかの研究成果を用いると、コンピュータウイルスの感染過程が見せる不思議な振る舞いを説明できる。ウイルス対策ソフトがすぐに更新されるにも関わらず、ウイルスの中には最初の被害報告の後に何年も広まり続けるものがある。このことは、スケールフリー・ネットワークにおける感染症の広がり方の特徴を考えれば、何も驚くことではない。大部分のコンピュータがウイルス対策ソフトを導入して保護されたとしても、感染を根絶するには十分でない。ウイルスを再び広める次数の高い頂点が、常にそこかしこに存在するからだ。

このような感染拡大の苦難を生むネットワークの性質は、コンピュータウイルス対策を考える上では深刻な問題だが、不均一なネットワークにおいて情報を広めようと思えば役に立つ性質かもしれない。これが、**クチコミマーケティング**の裏側にある原理だ。ＳＮＳのおかげで、今日のＷＷＷは「クチコミを通じて広まった」動画、ゲーム、アプリケーションソフトに満ちている。それらに関するクチコミ情報は、数十万人の人々によってすべてのネット上の知人へと日々転送されている。

初期のクチコミマーケティングの一例は、電子メールサービスであるホットメールの利用者拡大だった。１９９６年、ホットメールの運営会社は、ユーザーが送信するメールの末尾に「ウェブ上で動く無料のメールサービスをホットメールで手に入れよう」という広告を自動的に挿入した。広告には、数秒の操作でホットメールアドレスを新規に取得するための情報入力ページへのリンクが含まれていた（80ページを参照）。後に、ヤフーやグーグルのメールサービスや、原則的に招待制として設立されたSNSサイトにおいて、ホットメールと同じようなユーザー獲得戦略が実行された。

クチコミマーケティングは、**社会的伝播**とよばれる心理的な現象を活用する。社会的伝播とは、交流する相手の行動をまねたり、陰口、流行、うわさ、アイデアを広めたりする、人々のもつ一般的な傾向のことだ。新しいアイデアの採用、集団による問題解決、集合的意思決定においても、社会的伝播の仕組みは働く。社会学者と心理学者は、互いを「まねする」という人間の顕著な傾向について、多くの実例を見出してきた。

1962年に、タンザニアのとあるミッションスクールに通う女子学生の一部は、こらえきれずについ笑い出してしまうという異常な感覚を体験した。その数か月後、同じ学校の数十人の生徒が同様の症状を示した。さらには、生徒たちの一部が静養のために送られた村の住民たちも、同じようにクスクス笑いをし始め、見る人を不安にさせた。この事例を調査した医師のA・M・ランキンとP・J・フィリップは、綿密な調査の後、これは「集団ヒステリー」の一例だという結論に行き着いた。同じような事例は、1998年にテネシー州のある高校においても報告された。この事例では、ガソリンの臭いを感じたというある教師の体験が数百人の生徒へ伝播して、彼らもガソリンの臭いを訴えた。しかし、臭いのもとが環境的な要因である可能性はすべて否定され、科学者たちは、生徒たちの間にある種の「感情の感染症」が起こったのだという結論に達した。

同じような社会的伝播の事例は数多く記録されてきた。そして、科学者たちは近年の研究を通じて、社会的伝播が起こる状況はそれほど例外的ではないという見解に行き着いた。たとえば、第7章で紹介したように、肥満と喫煙習慣は社会ネットワーク上で伝播するという研究成果がある（144ページを参照）。

ネットワークで隣にいる人どうしがある特徴や習慣を共有することには、3つの理由がある。1番目の理由は同じ社会階級に属しているといった外的要因だ。たとえば、低い社会階級に属する人々は、喫煙することや肥満となることのリスクが高い。同時に、彼らは、社会的階級の高い人たちとつながるよりも、同じ社会階級どうしで枝を結びやすい。2番目の理由はホモフィリーだ。喫煙する人どうしや同じような体格の人どうしは友人になる傾向がある。3番目の理由は社会的伝播だ。喫煙する人や太り過ぎの人が友人にいると、喫煙を始めたり日頃の食事量を増やしたりしやすくなる。

おそらく3つの理由すべてが働いているが、社会的伝播は3つのうちで最も重要な理由である可能性が高く、その影響は低く見積もられるべきでない。社会学者たちの主張によれば、社会的伝播で広まるものは肥満や喫煙など特定の習慣や行動そのものではない。むしろ、何が適切な習慣や行動であるかという規範が広まるのだ。公衆衛生においてこの考え方を利用すれば、社会ネットワークのハブに狙いを定めて情報を広めることで、より安全な生活習慣を人々に促すことができるだろう。

当然ながら、行動、習慣、うわさ、アイデアの伝播は、感染症の伝播とは多くの点で異なる。人に病気をうつすのとは違って、人に情報を広める行為は必ず意図的なものだ。また、情報を得ることはたいてい有益なので、病気にかかるのに比べて情報を得ることは能動的な行為である。情報を学習したり納得したりするためには、病気にかかるよりも長時間に渡って相手と接触することが必要かもしれない。さらには、情報は単に広まるだけでなく、社会の一様化に逆らう多くの仕組みも内在している。社会的伝播が人の状態を決める主な要因であれば、社会はみなが同じ状態をもつ人たちの集団となるのが自然だろう。しかし、人々には単一な性質に同化することに逆らうような傾向があり、それによって社会の多様性、少数派、意見の極端化が生じる。とはいえある条件のもとでは、社会的伝播は、ネットワークで隣にいる人どうしが習慣や情報を共有する上で最も重要な仕組みだろう。

1940年代に、リチャード・ファインマンは、現代的な高エネルギー物理学の解析方法として**ファインマン・ダイアグラム**を発明した。物理学者の中には、それを熱心に支持した人もいたし、疑いの目を向けた人もいたが、最終的にはファインマン・ダイアグラムは研究者の総意を勝ち取った。後にアメリカ、日本、旧ソ連の物理学界におけるファインマン・ダイアグラムの普及についての研究がなされた。この研究によって明らかとなったのは、この普及の過程を感染症モデルで非常に正確に再現できるということだった。ただし、モデルの条件設定は国ごとに大きく変える必要があったが。

ネットワークとダイナミクス、どちらが先だったのか？

古代ローマ帝国に成功をもたらした一つの鍵は、当時の交流と交易の最重要経路だったテヴェレ川の近くに位置するという戦略的な優位性だった。ローマは、徐々に勢力を広げつつあったとき、その長大な道路ネットワークの最初の支線建設にとりかかった。道路建設後には物資や軍隊を迅速に移動できるようになったので、道路はローマの勢力を維持、拡大するためのきわめて重要な手段だった。道路を建設することはさらなる支配力の獲得を意味し、支配力を得たことによりさらなる道路建設が必要となった。その結果が、イタリアの格言に言うところの「すべての道はローマに通ず」だ。

ローマと同じような発展のパターンは、ほとんどすべての主要都市に見られるだろう。発展途上の都市は人や物の往来を引きつけ、より多くの交通手段（道路、鉄道、航空路線など）を必要とする。そうしてつくられた交通手段が、都市へ流れこむ交通量を増やし、都市の発展を拡大させ、さらなる交通手段の増加が求められる。このように、都市間の交通ネットワークの構造変化と交通量のダイナミクスが互いに影響しあい、フィードバックループをなす。

ネットワーク構造がダイナミクスにどう影響するかと問うことは、ある仮定を暗に前提としている。つまり、ネットワーク構造は変化しないもので、その上でダイナミクスが起こるという仮定だ。現実には、すべてのネットワーク構造はダイナミクスが起こる間に変化する。したがって、この仮定は、ダイナミクスの時間スケールが構造変化の時間スケールよりもずっと短い場合にのみ成り立つ[7]。この仮定は、ある種のダイナミクスについては適切だ。たとえば、友人関係や近親関係が変化するのは通常は何年に1回という頻度なので、毎日や毎週の頻度でやりとりされる情報は固定された社会ネットワーク上を広がると見なしてよい。あるいは、1日のうちにある都市へ向かう自動車の交通量は、すべて決まった経路を通って移動する。道路の接続は毎日変わるわけではないからだ。

しかし、他の場合には、ダイナミクスの間にネットワーク構造が変化しないという仮定は誤りであることもある。たとえば、性感染症の伝播では、ネットワークの枝が使われるタイミングがきわめて重要だ。ある相手と感染予防策なしに性的関係をもつのが、別の感染者と感染予防策なしに関係をもつ前か後かで、状況は変わってくる。10年間を通じた都市の発展を調べようと思えば、交通量と道路網の変化との相互作用を考えに入れる必要がある。ピアツーピア・

ファイル共有システムのようなある種の工学的なネットワークでは、ネットワーク構造と情報のダイナミクスが同じ時間スケールで変化し、密接に絡まりあっている。食物網では、個体数変化のダイナミクスがネットワークの再組織化につながることがある。過剰な漁獲によって生物種の個体数がある水準まで下がると、食物網は捕食-被食関係を再編成し、減少した種の食物網における役割に別の種が置き代わる。

ネットワーク構造とダイナミクスの結び付きは、SNSが普及した現代においてとくに重要な意義をもつ。SNSを通じて、社会ネットワークの構造変化と知人の近況に関する情報が絶え間なく流れてくる。このようにSNSによって社会関係を今までよりも細かく認識できるようになったことで、人々が社会ネットワークをつくり出し、維持し、活用するやり方が変わるかもしれない、と研究者たちは論じている。

絡まりあったネットワーク構造とダイナミクスの問題に立ち向かうには、いくつかの方法がある。たとえば、ネットワーク構造の変化とダイナミクスを分けて考える次のような方法がある。まず、固定されたネットワークに対して、情報の流れや情報探索などのダイナミクスをシミュレーションする。次に、たとえば情報の流れる効率が改善されるよう、ネットワーク構造を変化させる。この2つの手順を交替しながら繰り返した後にできてくるネットワークを調べれば、ダイナミクスと絡まりあって生じるネットワークのモデルを構築することができるだろう。より洗練された方法は、適応度モデル（128ページを参照）を改良して、適応度の値が時間的に変化するパラメータによって決まるようにすることだ。ダイナミクスが進むと、それに従って適応度が変化する。そして適応度の変化がネットワークの再編成をもたらす。ダイナミクスがネットワーク構造の上で起こる場合もある。また、ダイナミクスがネットワーク構造と結び付いている場合もある。そのどちらの場合であっても、どの分析方法をとろうとも、現象を完全に理解するためにネットワークを考慮することが必要不可欠だという基本的な考え方は同じだ。

（訳注１）イーベイは、アメリカ最大手のオークションサイトである。ＣＮＮは、アメリカの全国放送局の一つである。

（訳注２）全頂点のうち数割も取り除けばネットワークが壊れるのは当たり前だと思われるかもしれない。ここでは、ネットワークの破壊の定義が、日常的な意味とは異なる。ある割合の頂点を取り除いた後に、生き残った最大連結成分が十分に小さくなるとき、ネットワークが破壊されたと定義する。つまり、ネットワークに巨大連結成分がもはや存在しなくなることを意味する。

（訳注３）不均一なネットワークであっても、ハブに対する攻撃が常に最も有効とは限らないことを主張している。

（訳注４）ＳＩＳモデルのＳとＩは、それぞれ susceptible（感受性状態）と infected（感染状態）の頭文字。

（訳注５）感染症研究の用語ではエンデミック（endemic）な定常状態という。endemic は風土病的流行と訳される場合が多い。ここではわかりやすさを優先して持続的流行という表現を用いた。

（訳注6）このような接触パターンの時間的特徴も考慮に入れて、データに基づいてネットワークを数理モデル化しようという研究が近年進められている。そのような枠組みはテンポラル・ネットワークとよばれる。

（訳注7）頂点の状態が変化するのに要する平均的な時間が、ネットワーク構造が変化するのに要する平均的な時間よりもずっと短いので、頂点の状態変化に注目している限りはネットワーク構造が一定だとみなしてよいということ。

第9章

世の中はすべてネットワーク？

量子力学の創始者の一人であるポール・ディラックは、20世紀初頭の物理学者による画期的な発見について、こう語ったと伝えられている。「残りは化学の問題だ。」彼が言わんとしたのは、物理学者たちの発見した物理学の基本原理から、すべての科学は導き出せるだろうということだ。しかし、残念ながら量子力学の方程式を用いて正確に解くことができるのはほんのいくつかの場合だけ、本質的には水素原子とヘリウム原子についてだけにすぎない。分子のようなもっと複雑な対象には、近似計算やコンピュータシミュレーションを用いて取り組まなければならない。基礎物理学はいくつかの巨視的な量子効果は説明できるものの、生物学や人の心や社会を理解するのには今のところあまり役に立たない。同じような万能性の誤解は遺伝学にもあり、ＤＮＡが人間のすべての特徴、病気、振る舞いを説明できるものとして、間違ってとらえられている。

一般的に、基礎科学の成果は本来の有効範囲を越えてとらえられるべきではない。より専門に特化した研究分野によって、基礎科学の範囲を越えたずっと深い洞察を得られることを認識すべきだ。

ネットワーク科学は、このような行き過ぎた宣伝の罠に陥らないようにしなければならない。ネットワーク科学を用いると、科学全体を見渡す展望がひらけ、さまざまな現象の間に存在する意外な類似性が解明されると期待される。そして、ネットワークという概念そのものにも、最先端の教養的魅力がある。このことから、ネットワーク科学を「万物の理論」だとみなそうという誘惑が生まれる。社会学者、工学者、生物学者、そして哲学者は、ネットワーク理論の研究成果を厚かましく一般化することについて警告を発してきた。行き過ぎた一般化に対する批判はおおかた理にかなったものだ。ただ、だからといってネットワーク科学による研究成果は過小評価されるべきではないし、将来の大発見の可能性に水を差すべきではない。

ネットワーク科学の重要な限界の一つは、大規模なデータが不足していることだ。質問票やインタビューのような社会科学で用いられる手法は費用と時間がかかり、ときとして主観的な偏りを含んだ結果を生じやすい。情報技術（電話の発着信、電子メール、SNS、地理的位置測定、RFID（無線自動識別装置）チップ、健康状態の測定、クレジットカードなど）を用いて得られるデータを用いると、人々の社会的関係についてかつてはなかったような分析を行える。しかし、これらの情報技術はいくつかの問題も引き起こす。ピザの配達員はたくさんの電話を受けるが、その大部分は注文客からであり、友人からではない。このピザ配達員問題が示すのは、大量のデータ（たとえば着信記録の一覧）から意義のある情報を取り出すのは簡単ではないということだ。加えて、ネットワークのデータ分析は、プライバシーや軍事利用に関わる倫理的な問題をはらむことも指摘しておきたい。

たいていの場合に、入手可能なのは部分的なデータのみだ。海洋生物の食物網を描くために、生態学者たちは魚を捕まえて消化器官を調べる。この方法では、第一線の研究者でさえネットワークの枝のいくつかを見落とす可能性がある。タンパク質どうしの物理的な相互作用を推測するための遺伝学的な方法は、擬陽性と擬陰性の両方を生み出す可能性がある。[1] インターネットやWWWのネットワーク地図は、ある頂点からまわりの枝を探索するために「探針」を送ることによって描かれる。[2] 探針によって十分な数の経路が見つけられればネットワークのかなりよい描像が得られるが、中には探針では決して見つけられない枝もあるかもしれない。

得られたデータをネットワークとして表すと、必然的に、データに含まれる情報の一部を切り落とすことになる。つながりの形に注目することはネットワーク科学の強みの一つだが、それによって構成要素ごとの固有の特徴は切り捨てられてしまう。個々の構成要素の特徴に関心があるなら、ネットワークを用いて近似的にものごとを表現することは適切でないだろう。すべての場合にできるわけではないが、場合によってはネットワークのモデルを頂点の特徴を含むように修正することができる。

地理的特徴（つまり頂点の物理的位置）がトポロジーよりも重要な場合には、ネットワークによる表現では不十分だろう。たとえば、変電所や空港や駅の物理的位置は、いうまでもなくネットワークとしてのつながり方と関係がある。さらには、社会ネットワークや食物網では、物理的な近さが、2つの頂点がネットワークで隣接する可能性を左右する。

ネットワークによる表現がうまく扱えないかもしれないもう一つの要素は、時間だ。たとえば、性感染症の場合には、ある人が別の人から病気をうつされた後に関係を結ぶのと、うつされる前に関係を結ぶのとでは、状況が明らかに異なる。枝が結ばれるタイミングが、病気の伝播においてきわめて重要なのだ。接触のタイミングは、さまざまなネットワークにおいて重要だ。たとえば、科学論文は時間順に並んでいて、過去に発表された論文しか引用できない。

ときとして、頂点と枝を特定することは簡単でない。ワシとタカとを見分けるのは簡単だが、生態系におけるバクテリアの個体数は簡単に数え間違う。「小さな」生物種の個体数を過小評価するのを避けるために、生態学者たちはたいてい生物を**栄養種**にまとめる。栄養種とは、同じ生物に食べられ同じ生物を食べる生物種の集まりだ。同じように、社会学者は社会ネットワークにおいて**構造同値**な人々をひとまとめにする。2つの頂点が構造同値であるとは、たとえばある家族の中の枝のように、同じ本数で同じ種類の枝をもつ人々のことだ。同じような頂点をまとめるという考え方は、自律システムを頂点とみなす場合のインターネットや、脳の各部分を頂点とするネットワークなどにも適用される。このように頂点をグループにまとめる作業は、意味のあるネットワークを得るために統一的な手順で行われなければならない。

枝を定義することは、頂点をグループにまとめることよりも複雑な場合がある。企業は、別の企業の資本を小さい割合だけ保持することもあるし、100パーセントの資本を保持することもある。2つの空港間の接続は、1日あたり1便ということもあるし、1時間あたり1便ということもある。これらの場合には、枝があるかどうかを決めるしきい値を設定しなければならない。2頂点の関係の度合いが設定したしきい値を下回る場合には、ネットワークの枝として記録するには関係が弱すぎるとみなすのだ。枝に重みをつけたりしきい値を設けたりすることとは得られるネットワークの形に大きく影響するので、そうする場合には十分に説得力のある理由がなければいけない。

いったんデータがネットワークとして整えられたら、得られたネットワークについて丁寧に解釈することが必要不可欠だ。ネットワーク科学の一分野にネットワークの可視化がある。可視化とは、紙面やコンピュータの画面にネットワークの頂点や枝をうまく配置するアルゴリズムをつくることだ。しかし、研究において何かを結論づけるためには、可視化したネットワークを目で見て調べるだけでなく、数学的な分析を必要とすることが一般的である。

すべての複雑ネットワークが不均一な次数分布をもつわけではないということ（そしてどんな場合にも数学的に厳密なべき乗則ではないということ）に対して、批判がなされてきた。不均一でないネットワークも大事な場合があるのは確かだが、実際のところたいていの大事なネットワークは不均一であると言える。ネットワークが完璧なべき乗則をもっていないとネットワークを研究できないというわけではない。重要なのは、次数分布が厚い裾野をもち、ネットワークにハブが存在することだ。

ネットワークの不均一性を自己組織化のしるしと解釈することに対しても批判がなされてきた。なぜなら、多くのネットワークは、ある程度の計画性をもってつくられているからだ。インターネットにおいて、ネットワーク管理者がネットワークの一部分を細かく設計するのは、その例である。しかし、他の多くのネットワークと同じように、インターネットには全体的な設計図がなかったことは疑いの余地がない。よって、現実のインターネットが示すランダムなネットワークからのずれは自己組織化によるかもしれない、と論じることは理にかなっている。

さらに言えば、次数の不均一性は、ネットワークが示す複雑さのほんの一例にすぎない。頂点ごとの不均一性は、媒介中心性、クラスタリング係数、接続する枝の重みなど、次数以外の特性についても見出される。そして、不均一性以外の特徴をみても、ネットワークの複雑さは明らかだ。たとえば、モジュール性とコミュニティは、ランダム性だけでつくられる構造とはたいてい違っていて、ネットワーク上で起こるダイナミクスに強い影響を与える。

ネットワーク科学が発見してきたことはさまざまな対象やダイナミクスの間のあいまいな類似性にすぎず、真の**普遍性クラス**ではない、と批判する人もいる。普遍性クラスとは、（詳細を捨象すれば）同一の基本的な数学的法則に当てはまる現象をひとまとめにしたグループのことだ。確かに、生物学的ネットワークのいくつかの性質は工学的なネットワークの性質とまったく異なるし、コンピュータウイルスの拡散には感染症の蔓延とは異なる側面がある。しかし、ネットワーク科学によって、そのような異なるネットワークやダイナミクスが共通にもつ傾向がわかり、共通する性質について予測することができる。ネットワークが十分に大きくて観測期間が十分に長ければ、ネットワーク理論で共通性があるとわかった別々の対象は十分によく似た振る舞いをすることがほとんどだろう[3]。

ネットワーク科学は、複数の分野で将来を予測する能力を示してきた。昨今の応用には以下のような例がある。コンサルティングにおいては、組織のメンバーがばらばらにもっている能力をよりうまく活かすのを助けるために用いられている。公衆衛生においては、感染症の伝播を予測し、抑制するために利用されている。警察と軍隊においては、テロリスト、犯罪者、反乱勢力のネットワークを追跡するために用いられる。これら以外にもいくつもの分野において活用されている。

ネットワーク科学がこれから取り組むべき問題はたくさんある。たとえば、特定のネットワークとダイナミクスにぴったりと合うようなもっと詳細なモデルをつくること。新たな価値あるネットワークのデータを得ること。未知の規則性を発見し既存の法則性を完全に説明するために、ネットワークのつながり方をより深く調べること。小さなネットワークを特徴づけること。複数のネットワークが合わさってできるネットワークをうまく取り扱うこと。生物学的ネットワークを、進化論のパラダイムとより効果的に結びつけること。新たな応用例（たとえば薬物設計のような）を見つけること。そして、できることならばネットワークを分類する普遍性クラスを見出すことだ。

ガリレオ・ガリレイの著述の中に、よく引用される一節がある。「哲学は、宇宙という壮大な書物に書かれている。（中略）それは数学の言葉で書かれていて、使われる文字は三角形や円や他の幾何学的図形だ。」とくに我々の生きる複雑な現代社会において、ネットワークを書き表すための「文字」が今まさに必要であると信じている。

（訳注1）擬陽性と擬陰性は、何かを推定する問題における2種類の誤りである。擬陽性とは、本当は「ない」ものを「ある」と推定してしまうことである。擬陰性とは、本当は「ある」ものを「ない」と推定してしまうことである。「ある」と判定する基準を厳しくすると、擬陽性の誤りは減るが擬陰性の誤りは増える。逆に基準を緩くすると、擬陽性の誤りは増えるが擬陰性の誤りは減る。両者を同時に小さくすることは一般的には難しい。

（訳注2）探針は、調べたい対象に近づけてその特徴を測るための医療器具などのことである。インターネットを調べる場合には、あるコンピュータから別のコンピュータへ信号を送り、その返答をもって2台のコンピュータ間の接続を確かめることが探針に対応する。

（訳注3）ネットワーク科学は確かに普遍性クラスとよべるほどの厳密な理論的分類は与えないが、それでもさまざまな対象に共通する傾向を見出すことはできる、という主張。

Albert-László Barabási, Mauro Martino, and Márton Pósfai, Network Science textbook project. http://barabasilab.neu.edu/networksciencebook/ (2014年1月現在、ウェブサイト上で随時更新中)

論文と総説論文

Mark Newman, Albert-László Barabási, and Duncan J. Watts, *The Structure and Dynamics of Netoworks*, Princeton University Press, Princeton (2006)

Réka Albert and Albert-László Barabási, Statistical mechanics of complex networks, *Review of Modern Physics*, Vol. 74, No. 1, pp. 47–97 (2002).

M. E. J. Newman, The structure and function of complex networks, *SIAM Review*, Vol. 45, No. 2, pp. 167–256 (2003)

S. Boccaletti, V. Latora, Y. Moreno, M. Chavez, and D.-U. Hwang, Complex networks: Structure and dynamics, *Physics Reports*, Vol. 424, No. 4–5, pp. 175–308 (2006)

Katy Börner, Soma Sanyal, and Alessandro Vespignani, Network Science, *Annual Review of Information Science and Technology*, Vol. 41, No. 1, pp. 537–607 (2007)

Stephen P. Borgatti, Ajay Mehra, Daniel J. Brass, and Guiseppe Labianca, Network analysis in the social sciences, *Science (New York, N.Y.)*, Vol. 323, No. 5916, pp. 892–895 (2009)

以下の２つの総説論文は、訳者が追記したものである。

Marc Barthélemy, Spatial networks, *Physics Reports*, Vol. 499, No. 1-3, pp. 1–101 (2011)

Petter Holme and Jari Saramäki, Temporal networks, *Physics Reports*, Vol. 519, No. 3, pp. 97–125 (2012)

読書案内

一般向け書籍

Albert-László Barabási, *Linked: The New Science of Networks*, Perseus, New York (2002)（邦訳：青木薫 訳，『新ネットワーク思考―世界のしくみを読み解く』，NHK出版，2002年）

Mark Buchanan, *Nexus: Small Worlds and the New Science of Networks*, W. W. Norton & Co., New York (2002)

Richard Solé, *Redes complejas: del genoma a Internet*, Tusquets, Barcelona (2009)

Nicholas A. Christakis and James H. Fowler, *Connected: The Surprising Power of Our Social Networks and How They Shape Our Lives*, Little, Brown and Co., New York (2009)（邦訳：鬼澤忍 訳，『つながり 社会的ネットワークの驚くべき力』，講談社，2010年）

初学者向け学術書

Guido Caldarelli, *Scale-Free Networks*, Oxford University Press, Oxford (2007)

Romualdo Pastor-Satorras and Alessandro Vespignani, *Evolution and Structure of the Internet: A Statistical Physics Approach*, Cambridge University Press, Cambridge (2004)

Alain Barrat, Marc Barthélemy, and Alessandro Vespignani, *Dynamical Processes on Complex Networks*, Cambridge University Press, Cambridge (2004)

Linton C. Freeman, *The Development of Social Network Analysis: A Study in the Sociology of Science*, Empirical Press, Vancouver (2004)（邦訳：辻竜平 訳，『社会ネットワーク分析の発展』，NTT出版，2007年）

Stanley Wasserman and Katherine Faust, *Social Network Analysis: Method and Applications*, Cambridge University Press, Cambridge (1994) tolerance of complex networks, *Nature*, Vol. 406, No. 6794, pp. 378–382 (2000)

Romualdo Pastor-Satorras and Alessandro Vespignani, Epidemic spreading in scale-free networks, *Physical Review Letters*, Vol. 86, No. 14, pp. 3200–3203 (2001); Epidemic dynamics and endemic states in complex networks, *Physical Review E*, Vol. 63, No. 6, 066117 (2001)

Reuven Cohen, Shlomo Havlin, and Daniel ben-Avraham, Efficient immunization strategies for computer networks and populations, *Physical Review Letters*, Vol. 91, No. 24, 247901 (2003)

A.M. Rankin and P.J. Philip, An epidemic of laughing in the Bukoba district of Tanganyika, *Central African Journal of Medicine*, Vol. 9, No. 5, pp. 167–170 (1963)

Luís M.A. Bettencourt, Ariel Cintrón-Arias, David I. Kaiser, Carlos Castillo-Chávez, The power of a good idea: Quantitative modeling of the spread of ideas from epidemiological models, *Physica A*, Vol. 364, pp. 513–536 (2006)

Diego Garlaschelli and Maria I. Loffredo, Fitness-dependent topological properties of the world trade web, *Physical Review Letters*, Vol. 93, No. 18, 188701 (2004)

G. Bianconi and A.-L. Barabási, Competition and multiscaling in evolving networks, *Europhysics Letters*, Vol. 54, No. 4, pp. 436–442 (2001)

第7章

Michel Bozon and François Heran, Finding a spouse: A survey of how French couples meet, *Population English Selection*, Vol. 44, No. 1, pp. 91–121 (1989)

Edward O. Laumann and Yoosik Youm, Racial/ethnic group differences in the prevalence of sexually transmitted diseases in the United States: A network explanation, *Sexually Transmitted Diseases*, Vol. 26, No. 5, pp. 250–261 (1999)

John F. Padgett and Christopher K. Ansell, Robust action and the rise of the Medici, 1400-1434, *American Journal of Sociology*, Vol. 98, No. 6, pp 1259–1319 (1993)

Peter S. Bearman and James Moody, Suicide and friendships among American adolescents, *American Journal of Public Health,* Vol. 94, No. 1, pp. 89–95 (2004)

James H. Fowler and Nicholas A. Christakis, Dynamic spread of happiness in a large social network: longitudinal analysis over 20 years in the Framingham Heart Study, *British Medical Journal*, Vol. 337, a2338 (2008)

Linton C. Freeman, A set of measures of centrality based upon betweenness, *Sociometry*, Vol. 40, No. 1, pp. 35–41 (1977)

Forrest R. Pitts, A graph theoretic approach to historical geography, *The Professional Geographer*, Vol. 17, No. 5, pp. 15–20 (1965)

Wayne W. Zachary, An information flow model for conflict and fission in small groups, *Journal of Anthropological Research*, Vol. 33, No. 4, pp. 452–473 (1977)

Lada A. Adamic and Natalie Glance, The political blogosphere and the 2004 US election: Divided they blog, In *Proceedings of the 3rd International Workshop on Link Discovery*, Association for Computer Machinery, New York, pp.36–43 (2005)

第8章

Réka Albert, Hawoong Jeong, and Albert-László Barabási, Error and attack

136 (2006)
Mark S. Granovetter, The strength of weak ties, *American Journal of Sociology*, Vol. 78, No. 6, pp. 1360–1380 (1973)

第4章

Jeffrey Travers and Stanley Milgram, An experimental study of the small world problem, *Sociometry*, Vol. 32, No. 4, pp. 425–443 (1969)
Ithiel de Sola Pool and Manfred Kochen, Contacts and influence, *Social Networks*, Vol. 1, No. 1, pp 5–51 (1979)
Duncan J. Watts and Steven H. Strogatz, Collective dynamics of 'small-world' networks, *Nature*, Vol. 393, No. 6684, pp. 440–442 (1998)
C.J. Stam, B.F. Jones, G. Nolte, M. Breakspear, and Ph. Scheltens, Small-world networks and functional connectivity in Alzheimer's disease, *Cerebral Cortex*, Vol. 17, No. 1, pp. 92–99 (2007)

第5章

R.I.M. Dunbar, Coevolution of neocortical size, group size and language in humans, *Behavioral and Brain Sciences*, Vol. 16, No. 4, pp. 681–693 (1993)
Vilfredo Pareto, *Cours d'Economie Politique,* Droz, Geneva (1896)

第6章

Harriet Zuckerman, *Scientific Elite: Nobel Laureates in the United States*, Free Press, New York (1977)
Robert K. Merton, *Social Theory and Social Structure*, Free Press, New York (1968)
Derek de Solla Price, A general theory of bibliometric and other cumulative advantage processes, *Journal of the American Society for Information Science*, Vol. 27, No. 5, pp. 292–306 (1976)
Albert-László Barabási and Réka Albert, Emergence of scaling in random networks, *Science (New York, N.Y.)*, Vol. 286, No. 5439, pp. 509–512 (1999)
Edward O. Laumann, *The Social Organization of Sexuality: Sexual Practices in the United States*, University of Chicago Press, Chicago (1994)
G. Caldarelli, A. Capocci, P. De Los Rios, and M. A. Munõz, Scale-free networks from varying vertex intrinsic fitness, *Physical Review Letters*, Vol. 89, No. 25, 258702 (2002)

参考文献

本文中で紹介されている研究の原著を以下に示す。研究内容についての言及がない文献は含めないことにした。なお、これらの文献は訳者が独自に特定したものである。

第2章

J.L. Moreno, *Who Shall Survive?: A New Approach to the Problem of Human Interrelations*, Nervous and Mental Disease Publishing Co., Washington, D.C. (1934)

Claude Lévi-Strauss, *Les Structures Élémentaires de la Parenté*, Presses Universitaires de France, Paris, (1949)（邦訳：福井和美 訳，『親族の基本構造』，青弓社，2001年）

P. Erdős and A. Rényi, On random graphs, *Publicationes Mathematicae Debrecen*, Vol. 6, pp. 290–297 (1959); On the evolution of random graphs, *Publication of the Mathematical Institute of the Hungarian Academy of Sciences*, Vol. 5, pp. 17–61 (1960); On the strength of connectedness of a random graph, *Acta Mathematica Hungarica*, Vol. 12, No. 1, pp. 261–267 (1961)

第3章

James E. Cloern, Alan D. Jassby, Janet K. Thompson, and Kathryn A. Hieb, A cold phase of the East Pacific triggers new phytoplankton blooms in San Francisco Bay, *Proceedings of National Academy of Sciences of the United States of America*, Vol. 104, No. 47, pp. 18561–18565 (2007)

T. Antal, P.L. Krapivsky, and S. Redner, Social balance on networks: The dynamics of friendship and enmity, *Physica D*, Vol. 224, No. 1–2, pp. 130–

図の出典

図1
David Lavigne 氏より許可を得て転載した。

図2
（左図）©2012. Photo Scala, Florence/BPK, Bildagentur fuer Kunst, Kultur und Geschicte, Berlin.
（右図）©Universal Image Group limited/Alamy

図3
©Transport for London. ロンドン交通博物館所蔵。

図5
Neo Martínez 氏より提供を受けた。

図7
Macmillan Publishers Ltd. より転載の許可を得て、以下の論文より再構成した。Duncan J. Watts and Steven H. Strogatz,"Collective dynamics of 'small-world' networks", *Nature*, Vol. 393, No. 6684, pp. 440–442 (1998).

図11
ネットワークのデータは以下の論文に基づく。Wayne W. Zachary, An information flow model for conflict and fission in small groups, *Journal of Anthropological Research*, Vol. 33, No. 4, pp. 452–473 (1977).

図12
以下の記事より、著者と出版元の許可を得て転載した。Vittoria Colizza and Alessandro Vespignani, The flu fighters, *Physics World*, Vol. 23, No. 2, pp. 26–30 (2010).

索　引

原著者紹介
Guido Caldarelli（グイド・カルダレリ）
イタリア・IMT ルッカ高等研究所准教授．博士（Ph.D）．経済現象や生命現象に関するネットワークのデータ分析や数学的モデル解析で知られる．
Michele Catanzaro（ミケーレ・カタンツァロ）
サイエンスジャーナリスト．博士（Ph.D）．現在はバルセロナを拠点に一般向け科学記事の記者として活躍．

訳者紹介
高口　太朗（たかぐち・たろう）
国立情報学研究所研究員（JST，ERATO，河原林巨大グラフプロジェクト）．博士（情報理工学）．専門はネットワーク科学．
増田　直紀（ますだ・なおき）
イギリス・ブリストル大学上級講師．博士（工学）．専門はネットワーク科学，進化ゲーム，理論神経科学．共著書に『複雑ネットワーク』（近代科学社）など．

サイエンス・パレット 015
ネットワーク科学 —— つながりが解き明かす世界のかたち

平成 26 年 4 月 25 日　発　行

訳　者　高　口　太　朗

監訳者　増　田　直　紀

発行者　池　田　和　博

発行所　丸善出版株式会社
〒101-0051 東京都千代田区神田神保町二丁目17番
編集：電話(03)3512-3266／FAX(03)3512-3272
営業：電話(03)3512-3256／FAX(03)3512-3270
http://pub.maruzen.co.jp/

組版印刷・製本／大日本印刷株式会社

ISBN 978-4-621-08817-3　C0342　Printed in Japan